U0166781

后浪

汪老师的
植物笔记

汪劲武 著

江西人民出版社
Jiangxi People's Publishing House
全国百佳出版社

自 序

汪劲武，北京大学生物学教授。1928 年生于湖南长沙，1950 年考入清华大学生物学系，1954 年毕业于北京大学生物学系，同年留校任教至今（退休后返聘）。60 多年来主要从事植物分类学教学和科研工作。曾获北京市优秀教师奖和国家高教事业有突出贡献的特殊津贴，担任过中国植物学会副秘书长、北京植物学会常务理事。著有《常见野花》《种子植物分类学》《常见树木》《植物的识别》等科普和专业图书。

我写作本书的目的是帮助读者更明白地认识植物种类，在有趣味的阅读中，联系野外实际，获得许多识别植物的知识，增长才干。

我希望读者理解本书的内容。首先对每种植物，我告知了中文名和别名、拉丁文名和英文名，还有对应的科名、属名。接着是一段中文描述，科学地描写了该植物的特征，这段很重要，因为它告诉你该植物的形态，描述的语言都是植物分类学规范的写法，十分贴近该植物的具体形象。必要时，读者可参看这段文字中关于植物的某部分记载，以释疑问。如植物开什么颜色的花、结什么果实……很细致，方便读者认识。

然后我还写了植物的野外观察经历等，可助你进一步了解该植物的野生状态，得到活的知识。有些种的后面，还附带了此植物在古代的趣闻逸事，涉及古代名人对此植物的认识。今天读来仍十分有趣，可增加读者对该植物的深刻理解，无形之中

该植物便活化了。不过最重要的是，读者一定要经常到野外（近的可在校园、远的可去附近山上），看看植物的生长状态，尤其是春末夏初之时，百花怒放，叶色碧绿，读者一定要抓紧时机去看，看时不贪多，选一些与本书里记载的种对照观察，印象必深。

另外，读者要学会比较不同的植物（同属不同种），两者一比，找到不同的地方，从而认识牢固，对两个种都有印象了。本书中就有不少地方专门提醒读者用比较方法去分开两个近缘或相似种。

综上所述，若你想收到好的效果，就必须常到野外，有计划地观察植物，比较差别。举个例子：春天，北京或别的地方山桃开花、桃也开花，那么山桃和桃这两个独立的种到底怎么分开呢？不认识植物的人还真摸不着头脑、处于茫茫然状态。好像二者差不多？我们实际看看：山桃的花萼片外侧无绒毛，而桃花萼片外侧有短绒毛；再看看叶片，山桃的叶片呈卵状披

针形，先端尾状尖，叶片最宽处在中部向下一段距离处；而桃的叶片，多为长圆形，最宽处约在中部，先端无长尾尖。这一对比你就明白二者的不同了。另外，山桃的果实又小又干巴巴的，不能吃，而桃的果实大、好吃。

亲爱的读者，如果能认真不懈地多看野生植物，利用本书的记载，多读与植物相关的知识，认植物时不忘采用对比的方法，你将进步很快，兴趣也油然而生了。越有兴趣，就越想多认植物。那时候，大自然的植物你看起来就活灵活现了。同时你也感觉到自己的知识和才干更加充实。

书中可能有不少错误或不当之处，我恳请读者提出宝贵的意见，以便我更正。

感谢后浪出版公司为本书出版提供了热情帮助，感谢后浪编辑尽心尽力，为本书费去了好多功夫，再次谢谢！

汪劲武

2017 年 10 月 24 日

于北京大学生命科学院

目　录

草 本 类

芭蕉 Banana

原产于日本琉球群岛，我国引种广栽培

芭蕉科 芭蕉属 *Musa basjoo*

形态特征

　　多年生草本，高达4米。叶片大型，长圆形，先端钝，基部圆形或不对称，叶脉平行，叶柄粗壮。花序顶生，下垂；苞片红褐色或紫色，雄花生于花序上部，雌花生于花序下部；花被片合生，有5齿，另有离生花被片，几与合生花被片等长，顶端有小尖头；雄蕊6，其中一个为退化雄蕊；子房下位，3室，胚珠多数。果实浆果状，不裂。种子多数，黑色。花果期8～10月。

　　芭蕉虽不开五颜六色的花朵，但从其形象看绝对是美好的观赏植物，从美感上说跟开红花的观赏植物不相上下。我从小就在南方家乡接触到了芭蕉。那时认识少，年幼无知，看了芭蕉那绿色、光溜溜的主干，直立而上，以为是一种特殊的树木。其主干约有10多厘米粗（直径），植株高达3～4米，上部长着大型叶片。我抬头看叶片出了神，就双手空空地爬上去到长叶的部位，拽下一片叶来，觉得好玩。叶片大极了，像一面绿色的旗，故乡的芭蕉（树）给我留下了深刻印象。后来经过学习，方知芭蕉的"树干"不是植物学意义的树干（茎），而是叶柄伸长、在植株下部增大成像茎的叶鞘，由叶鞘复叠成的假茎，从表面上看，如同真正的茎。好有趣啊！

　　芭蕉的花不大，也不美艳，但花序比较大，引人注目；而其叶片如旗，与众不同。在北京只能在温室见到，去广东就能见到露天生长的芭蕉了。作观赏植物，主赏大型的叶。

二色补血草 Two-color Sealavender

分布在我国东北、华北、江苏、山东、陕西、甘肃等省地

白花丹科 补血草属 *Limonium bicolor*

汪老师认识植物

形态特征

多年生草本，高可达 70 厘米。叶基生，狭倒卵形或披针形，长达 11 厘米，宽 1~2 厘米，先端钝，有短尖头，基部渐狭成柄。圆锥花序，由聚伞花序组成，花莛 1 或几根，分枝多，开展；萼片卵圆形，边宽膜质，花萼白色或带蓝色或粉色，漏斗状，5 浅裂，裂片钝，长约 5 毫米，中部以下有毛；花冠黄色，基部合生；雄蕊 5，下部与花冠基部合生；子房长圆倒卵形，花柱 5，离生。胞果有 5 棱。花果期 5~10 月。

俗话说，"好花不常开，好景不常在。"意思是花开后没有不谢的。那么自然界中真的没有不谢的花吗？永远不谢的花恐怕没有，但有开花后保持几个月甚至 1 年不凋谢的花，如二色补血草。在北京圆明园或卢沟桥沙滩可见到此花。它喜欢长在盐碱地上，开花时，花萼白色或淡黄色，花冠黄色，花朵直径不超过 1 厘米，但花多，因此花色十分显眼。若用手摸一摸二色补血草，会感觉它的花像彩色假花，几乎感受不到含有水分，这与其他种鲜花很不一样。这使人猜到，二色补血草的抗旱性强，不轻易萎蔫，也不轻易凋谢，真是花中的坚强分子。

由于花有长期不凋谢的特性，具有观赏价值。多见于盐碱土地。

绵枣儿 Common Squill

形态特征

多年生草本。鳞茎卵球形，外皮黑褐色。基生叶 2～5，狭带状。总状花序顶生，有膜质苞片，花粉红至紫红色，花被片 6，长圆形，顶端增厚；雄蕊 6，生于花被片基部，花丝基部扩大；子房卵球形，3 室，每室 1 胚珠。蒴果三棱状倒卵形，种子长圆状狭倒卵形，黑色。花果期 7～9 月。

在北京山野，有一种草本植物叫绵枣儿，它有根长长的花序，密生粉红或紫红色的花，人们老远就看得见。记得 20 世纪 70 年代，我们去平谷大华山公社开门办学。在一个山沟中，我好远就看见了它，有好多株。那时我主要教学员们认药用植物，野生的绵枣儿虽不是多有名的药，但也算一种草药吧。我对绵枣儿的认识还应上溯到 20 世纪 50 年代中，也是老师带我们在北京西山实习。那次见到绵枣儿，看见它的下面有个卵圆形的鳞茎，有趣得很，从此对绵枣儿可以说终生不忘了。把它栽在花坛里作观赏植物也很合适。

绵枣儿的"枣"缘于地下鳞茎像枣。可带根全草入药，但有毒，因含有"海葱甙"的缘故。

郁金香 Tulip

原产于地中海地区，我国引种广栽培
百合科 郁金香属　*Tulipa gesneriana*

汪老师认植物

形态特征

　　多年生草本。鳞茎纸质。外有淡黄色皮膜，无毛，白粉状。叶3~5，条状披针形或卵状披针形。花单生于茎顶，大而美艳，花被片6，倒卵形，排成2轮，紫红、红、黄色，有条纹斑点；雄蕊6，柱头增大，呈鸡冠状，子房长椭圆形，3室，胚珠多。蒴果椭圆形，室背开裂，种子近三角形，灰色。花期4~5月。

　　郁金香花形特殊，花朵直立，向天开放，虽然比荷花小很多，可模样有点像荷花，因此被称为"旱荷"，由于是外来的，又被叫作"洋荷花"。但仔细看看郁金香的花，其与荷花有很大差别：荷花花形比郁金香大，直径可达20~25厘米，郁金香的花直径最大不超过10厘米；荷花的花瓣多，雄蕊多，郁金香的花被片只有6枚，雄蕊6根；荷花的果实——莲子是一种坚果，郁金香的为蒴果。所以说郁金香像荷花，只是就其外表形状和花色而言，并非植物科学的论断。

　　以成片栽植最美。对氟化氢敏感，可用来监测大气中氟化物的污染状况。

逸闻趣事

　　郁金香原产于地中海地区，被人发现后，受到广泛重视。荷兰曾发生一个"郁金香狂热"事件，那时候郁金香贵重到无法想象的地步，为了得到一株郁金香，有人甚至倾家荡产。有这样一组数字：一个特殊的郁金香品种，价格相当于5吨小麦、48担稻谷、4头肥牛、8头肥猪、12只羊、2桶葡萄酒、4桶啤酒、2桶黄油……总价为2500荷兰币，更贵的可达4000荷兰币。

　　由于"郁金香狂热"，当时欧洲许多像郁金香那样美丽的东西，都被称为"郁金香"。法国征兵时，一个小伙子十分勇敢，就被叫作"芳芳郁金香"，意思是"最棒的小伙子"，这便是法国电影《芳芳郁金香》片名的含义。

仙客来 Cyclamen

原产于地中海沿岸和欧洲中部、希腊一带，我国引种栽培

报春花科 仙客来属 *Cyclamen persicum*

形态特征

　　多年生草本。具扁圆形肉质球茎；叶丛生于球茎顶端，叶片卵状心形，正面有白斑纹，边缘有细齿，叶柄长。花葶高可达20厘米，花单生，下垂；萼5裂，花冠合瓣，基部筒短，喉部缢缩，长4厘米，白色、粉红或暗紫色，裂片向后上方反卷成僧帽状，长圆匙形，长2.5~4.5厘米，基部无耳；雄蕊5，生于花冠管基部，子房球形，特立中央胎座，1室，多胚珠。蒴果球形，5瓣裂；种子多数，褐色。花期12月至次年2月，果期4~5月。

　　北京有一种盆栽花卉叫仙客来，又名萝卜海棠、兔耳花。仙客来是其英文名Cyclamen的音译，译得很好。"萝卜海棠"是指它在地下萝卜块根似的球茎，花朵则像海棠。至于"兔耳花"是指它的花瓣向上反卷，像兔子的耳朵。这些别名，既形象又好记，十分有趣。

华北蓝盆花 North China Bluebasin

分布在我国东北、华北、西北

川续断科 蓝盆花属 *Scabiosa tschiliensis*

形态特征

　　多年生草本，高达 60 厘米，基部分枝，有白色卷伏毛。基部叶簇生，连叶柄长 10～15 厘米，叶片卵状披针形、狭长卵形至椭圆形，先端急尖或钝，有疏钝齿或浅裂，偶深裂，长 2.5～7 厘米，宽 1.5～2 厘米，两面有疏白柔毛，叶柄长 4～10 厘米；茎生叶对生，羽状深裂片全裂，侧裂片卵状披针形或宽披针形，长 5～6 厘米，宽 0.5～1 厘米；近上部叶羽状全裂，裂片条状披针形。头状花序有长柄，柄上有卷曲毛，花序直径 2.5～5 厘米；总苞苞片 10～14 枚，披针形，长 3.5 厘米，有短柔毛，小总苞在果期呈方柱状，有 8 条肋，顶端有 8 窝孔，膜质冠直伸，白色或紫色，边牙齿状，有 16～19 条棱，褐色脉；花萼 5 裂，刚毛状，基部五角星状；边花花冠二唇形，蓝紫色，筒部长 6～7 毫米，外密生短白色柔毛，上唇 2 裂，较短，长 3～4 毫米，下唇 3 裂，中裂片最长 1 厘米；中央花筒状，裂片 5，近等长；雄蕊 4，花药紫色；花柱细长，柱头头状，子房下位，藏于小花苞中。瘦果椭圆形，长 2 毫米。花期 7～9 月，果期 9～10 月。

　　夏天在北京百花山或东灵山，海拔千米以上山地草坡中，能见到华北蓝盆花。它和菊科一样，由许多朵小花聚合在一起，组成一篮状的花序，呈圆盆形，顶部平整而略凸，直径有约 5 厘米，像个蓝色小盆子，故称蓝盆花。在高海拔草地上，华北蓝盆花相当多，开花时形成一片美景。

　　蓝盆花极像菊科植物，头状花序，有总苞，花冠合瓣，瘦果等无一不与菊科相似，为什么不属于菊科？因为它的雄蕊花药不合生成聚药雄蕊。

丹参 Dan-shen

分布广，我国东北、华北、华东和中南诸省均有

唇形科 鼠尾草属 *Salvia miltiorrhiza*

汪老师认植物

形态特征

多年生草本，根肉质肥厚，朱红色，里面白色。茎高 40～80 厘米，四棱形，有长毛。奇数羽状复叶，小叶 3～5 片，罕 7 片，小叶卵形、椭圆卵形，两面有毛。轮伞花序，组成顶生或腋生总状花序，密生腺毛和柔毛；苞片披针形，花萼钟状，紫色，有 11 条脉，外有腺毛，二唇形，上唇全缘，三角形，顶端有 3 小尖头，下唇有 2 齿，三角形或近半圆形；花冠蓝紫色，花冠筒内有毛环，上唇镰刀状，下唇 3 裂，中裂片较大；可育雄蕊 2，伸在上唇内，另有退化雄蕊，弱小；花柱外伸，先端不等 2 裂，后裂片短。四小坚果，椭圆形，黑色。花期 4～7 月，果期 7～8 月。

在北京山区，从低海拔到中海拔（千米左右）都能见到野生的丹参，草本植物，每年 4～7 月开花。细看它的花形态，会觉得与一般花不同，那花的花冠蓝紫色，足有 3 厘米长，呈二唇形，就像蛇张开口一样。上唇像镰刀，下唇比上唇短一点，3 裂，中裂片最大。再细看雄蕊，更奇了，只有两根正常发育的雄蕊，藏在上唇内，花柱外伸，先端不等 2 裂，其中 1 裂片特短。果实为 1 花生出 4 个小坚果，黑色椭圆形。

植物学家研究发现，丹参特殊的花形结构具有传粉学意义：丹参花冠张口（二唇裂口）向前倾，下唇平伸，正好作为落脚平台迎接昆虫进入花口。雄蕊本来有两个药室，由于连着两药室的药隔伸长了，将两药室隔开好远，一个药室有花粉，正好位于上唇之内，且向下弯曲，另 1 药室位于花冠里面喉部位置，且退化了。这样当昆虫进入花冠喉部，首先碰到了退化药室的那一端，由于杠杆作用，与退化药室相连的可育药室会扑打下来，正好将其花粉抹

在昆虫身体上。当昆虫退出去时，其背上带走了许多花粉；它再去造访另一朵花时，其背上的花粉正好抹在向下弯的花柱柱头上，帮助丹参完成了异花传粉。异花传粉对植物有好处，即父母本亲缘关系远一点，所产生的后代生命力会强些。需要进一步说明的是，同一朵花的雄蕊与雌蕊成熟时间不一致，当雄蕊成熟时，同一花朵的雌蕊尚未成熟，因此它的花柱还隐藏在上唇之内，而当雌蕊成熟时，花柱就弯下来准备接受花粉，此时雄蕊早已成熟过头，萎蔫了。上述的异花传粉结构是丹参经过长期适应形成的一套形态特征。

生于山坡、草坡、林下或山沟。

丹参所属的鼠尾草属，约有 700 种，我国有近 80 种。它们的花形态结构和丹参相似。

一串红（墙下红、西洋红）Scarlet Sage

Salvia splendens
原产于南美洲巴西

　　一串红是鼠尾草属里常见的栽培种，为一年生草本，高达90厘米；叶卵圆形，边有锯齿；轮伞花序组成总状花序，顶生花萼鲜红色，钟形，花冠红色，二唇形；能育雄蕊2，花柱不等2裂；小坚果椭圆形，暗褐色；花期7~8月，果期8~11月。北京多栽培，国庆节日常做盆栽成片摆放，红通通一大片，极美丽。

大花草

大花草科 大花草属　*Rafflesia arnoldii*

汪老师认识植物

形态特征

寄生植物。无茎，无叶。花硕大，直径可达 1 米以上。寄生于印度尼西亚苏门答腊热带林中一种葡萄科藤本植物的根上。一种喜访腐肉的蝇为之传粉。

有人说地球上最大的花是向日葵，可是向日葵茎顶开出的大花盘不是"一朵"花，而是由很多花聚合在一起形成的大花序。有人说牡丹、芍药的花也很大，一朵花直径可达 17 厘米，甚至更大……以上提到的例子都不对，因为最大的花，我们并没有直接见到，难以想象它大到什么程度；这种花不产于我国，也无法引种，想要亲眼见到确实不易。

最大的花是一种名叫大花草的植物。奇怪的是此草无茎无叶，是一种寄生植物，常生长在热带雨林中一种属于葡萄科的藤本植物的根上，而且只开一朵花，花就像从葡萄藤上长出来的，紧贴着地面开放。有人用尺子量了一下，其花直径超过 1 米，最大的达到 1.4 米，重 7 公斤。这真是世界上最大的花了。

逸 闻 趣 事

世界上拥有最大花序的植物为巨魔芋（*Amorphophaallus titanium*），其花序由许多小花集生于一花序轴上而成，因此不是一朵花。花序高 1.5 米，外有个大苞叶，像烛台；雄花长在花序上部，雌花长在花序下部。北京植物园有引种栽培。

歪头菜

Askew Vetch、Pair Vetch

分布在我国东北、华北、西北、华东、华中及西南地区
豆科 野豌豆属　*Vicia unijuga*

形态特征

多年生草本，高达 80 厘米，茎多丛生。偶数羽状复叶，只有一对小叶；叶序轴端卷须不发达，偶见；托叶半箭头状，边有齿；小叶菱状卵形、椭圆形或卵状披针形，长 3～10 厘米，宽 2～5 厘米，先端急尖，基部楔形、宽楔形，两面无毛，叶脉上长柔毛，侧脉至叶边缘，末端连合，顶小叶极小或退化。总状花序腋生，有多小花，花序梗长于叶片；萼钟状，有毛，萼齿三角形；花冠蓝色、蓝紫色，长 13～15 毫米，旗瓣倒提琴形，翼瓣、龙骨瓣几等长，稍短于旗瓣，有爪有耳；子房有柄，与花柱成直角状弯曲。荚果条状长圆形，长 2.5～3.5 厘米，宽 6 毫米，两侧扁，先端有短喙。种子 4～6，扁球形，径约 4 毫米，红褐色。花期 6～8 月，果期 8～9 月。

北京各山区有一种名叫歪头菜的野生草本植物，它的叶很特别，常常是两片叶长在一起，实际是羽状复叶的简单版本，只有一对小叶，长得有点歪斜，故称"歪头菜"。

歪头菜可长到 1 米高，夏季开花时，于茎顶生出花序。多朵花聚生成总状花序，蓝色或蓝紫色，跟豆花相似，结的果为长圆形荚果。由于只有一对叶，我们很容易辨识它，因为别的草本植物少有这样子。

北京各山区极多见，生于林下、林缘、山沟、草地、荒地。可作牲畜饲料。

凤仙花（指甲花、急性子）Garden Balsam

凤仙花科 凤仙花属　*Impatiens balsamina*

形态特征

多年生草本。高 40~100 厘米，根状茎肥粗。基生叶为 2~3 回三出羽状复叶，小叶卵状长圆形、菱状卵形或卵形，长 2~8 厘米，宽 1~5 厘米，先端渐尖，基部楔形、圆形或微心形，边缘有重锯齿，两面无毛或沿脉有锈色毛；茎生叶 2~3，较小，托叶膜质，棕褐色，卵状披针形，长 1 厘米。圆锥花序顶生，狭长，长达 30 厘米，直立，总花梗密生棕色卷曲长毛；苞片卵形，稍短于萼；花小，多而密集，几无花梗；萼 5 深裂，裂片卵形；花瓣 5，紫色或紫红色，条形，长 5 毫米；雄蕊 10，花药紫色；心皮 2，离生，子房上位。蓇葖果 2，长 3 毫米。花期 6~7 月。

北京金山有一条沟，沟里有水，野花草遍地生。我进去后边走边看，渐入佳境，竟被一些奇花异草吸引，流连忘返。在沟的中部，有一处小水流，水声潺潺，那有红叶生于水边，高约 90 厘米，上部长着好像旗子似的花序，直挺挺的，粉红紫色，犹如少女穿了件彩衣，十分美丽夺目。记得 20 世纪 50 年代中期，我第一次见到此景时，心中为之一震，对野生植物进行调查的好奇心，升上了一个台阶。那条山沟给我留下植物丰富多彩的印象，几十年了印象犹深……我到了一地，只要看见一种从未见过的植物，其花又好看时，就像入了世外桃源一样的舒畅。红升麻又叫落新妇，这是人们形象地将那紫红花序比喻为女子穿了新花衣。

可引种于公园水边作观赏植物。

梅花草 Wide-world Parnassia

分布在我国东北、华北、西北地区
虎耳草科 梅花草属 *Parnassia palustris*

形态特征

多年生草本；高20~30厘米，根状茎短，近球形。基生叶丛生，有长叶柄，叶片卵形至心形，长1~3厘米，宽1.5~2.5厘米，先端钝圆或锐尖，基部心形，全缘，茎生叶仅1片，无叶柄，基部抱茎。花单生枝端，白色，直径1.5~2.5厘米；萼片5，长椭圆形，长5~7毫米；花瓣5，平展，宽卵形，长10~12毫米；雄蕊5，与花瓣互生，假雄蕊5，上半部有11~23丝状裂，裂片先端有黄色头状腺体；心皮4，合生，子房上位，近球形，花柱短，先端4裂。蒴果上部4裂，种子多数。花果期7~9月。

北京郊区高山草坡上，七月正值盛夏，如果去那走走，会发现一种草花，高不足20~30厘米，叶卵形至心形，长不过3厘米，花白色，5枚花瓣整整齐齐，跟梅花很小区别，因此叫梅花草。它身体小巧玲珑，十分精致，如果把它栽在盆里，将是一个好盆景。如果不到山地亲身看见，真欣赏不到梅花草的风韵和姿态。天地造物的奇妙，此为一例。

北京东灵山、百花山、海陀山及怀柔区喇叭沟门都有；多生于山地草坡。

近缘种

细叉梅花草 Mountain-loving Parnassia

Parnassia oreophila

　　与梅花草不太相同，本种花较小，直径约 1.5 厘米，假雄蕊只有 3 裂，心皮 3，花柱较长，先端 3 裂，子房半下位。梅花草直径 1.5 ~ 2.5 厘米，假雄蕊 11 ~ 23，心皮 4，花柱短，先端 4 裂，子房上位。本种常与梅花草混生，花也为白色。

紫花地丁 Purpleflower Violet

广布于我国东北、华北至长江以南地区
堇菜科 堇菜属 *Viola philippica*

形态特征

多年生草本，无地上茎，地下根状茎粗短，根白色。叶丛生，叶片长圆形至披针形，先端钝，基部截形至楔形，边缘有圆齿，中上部尤明显；早期叶大，长可达 10 厘米，宽达 4 厘米，基部微心形，托叶基部与叶柄合生，叶柄有狭翅。小苞片位于花梗中部；萼片 5，卵状披针形，有膜质狭边，基部附属物短；花瓣 5，紫色，侧瓣无须毛或稍有须毛，下瓣连距长 14～18 厘米，距较细，长 4～6 毫米；雄蕊 5，子房无毛，由 3 心皮合生成，侧膜胎座 3 室，胚珠多，花柱基部膝曲。蒴果长圆形，熟时 3 瓣裂。花果期 4 月中至 8 月。

北京春天，迎春花开过以后，紫花地丁这种小草就陆续出土了，而且很快开花，常常是一丛基生叶，贴着地面生长，花从叶丛中出，一棵植株可生好几朵花，均为单生，即 1 根花枝长 1 花，高不过 8～10 厘米，具粗根状茎和白色的根。紫花地丁在春季草地相当多见，虽为野草，但其紫色花很好看，如成片种植它，也能形成特色景致。

每年春天，草地返青之时，紫花地丁也来凑热闹，这时我的心里总出现一个问题：这是不是紫花地丁？会有这样的疑惑，是因为另一种相貌相似的堇菜，名叫"早开堇菜"，二者花期接近，有时混杂一处，我们一不小心就认错。由于两种堇菜的花容差异很小，我们基本要靠叶的形态来辨别了。紫花地丁的叶狭长，两边直，不呈弧形，而早开堇菜的叶呈卵圆形至长卵形……不管怎样，春天开放的紫花地丁总叫人百看不厌。

近缘种

早开堇菜 Serrate Violet

Viola prionantha

　　本种与紫花地丁近似，不同处在于早开堇菜的叶较宽，卵形，长圆状卵形，两边明显呈弧形，花淡紫色。距较粗，根状茎短粗。两种的生长环境也相似。

三色堇 Pansy、Heartsease

Viola tricolor

　　三色堇是花坛中常见的成片栽植的草花，花朵比一般的野生堇菜大，形态色彩也多样，因此获得许多别名，如蝴蝶花、猫脸花、人面花等等。它有地上茎，无毛，茎粗，直立；叶卵圆形或长圆披针形，先端圆或钝，边缘有疏圆齿，托叶叶状，羽状裂；花梗稍粗，单花生于叶腋，小苞片卵状三角形，小，近膜质；花大，径3～5厘米，常呈紫、黄、白三色；萼片5，绿色，长圆状披针形，边缘膜质，基部附属物有不整齐边缘；花瓣5，上瓣深紫色或紫堇色，侧瓣及下瓣均呈三颜色、侧瓣内面密生须毛，下瓣延伸成距；雄蕊5，其中下方2枚有距状蜜腺并延长伸入距内，子房无毛，心皮合生成侧膜胎座，胚珠多，花柱短，屈曲状，柱头头状；蒴果无毛，种子多；花期3～6月。

蜀葵（一丈红、棋盘花）Hollyhock

原产于中国，现在世界各地栽培
锦葵科 蜀葵属 *Alcea rosea*

形态特征

　　二年生草本，高 2~2.5 米，茎不分枝。叶互生，近圆心形，有时 5~7 浅裂，直径可达 15 厘米，边缘有齿，叶柄长 6~15 厘米，托叶卵形，有 3 尖。花大，单生于叶腋，直径 6~9 厘米，呈红、紫、白、黄等颜色，美丽，有时重瓣；小苞片 6~7，基部合生，萼钟状，6 齿裂，花瓣 5，倒卵状三角形，基部有爪，生长髯毛；雄蕊多数，花丝合生成筒状，子房多室，每室 1 胚珠；果呈盘状，成熟时自中轴分裂成多个分果瓣。

　　夏天，我去清华园散步，从西南门进清华园，那片地方多为教工宿舍区，绿树浓荫，几不见天日，十分凉爽。忽然我看见了蜀葵，栽在马路边，这花是高草本植物，茎干直立，它边向上生长边开花的特点，十分有趣。不记得是哪位诗人，曾对此赋诗："昨日一花开，今日一花开。今日花正好，昨日花已老。"由于这种开花特性，蜀葵的茎干常常上部花还在开，下部花就已结实了。这告诉人们，蜀葵开花是有上进精神的，人也应有此上进精神，莫负了好时光。看似平凡的蜀葵，却不平凡。

　　除观赏外，其茎皮纤维可代麻用。

野西瓜苗（小秋葵、香铃草）Flower of An Hour

广泛分布在世界各地

锦葵科 木槿属 *Hibiscus trionum*

形态特征

　　一年生草本，高30~60厘米，茎较柔软，有星状毛；下部叶圆形，不分裂，上部叶掌状3~5深裂，直径3~6厘米，裂片倒卵形，羽状全裂，两面有粗刺星状毛，叶柄长2~4厘米；花单生叶腋，果期花梗延长可达4厘米，小苞片12，条形，长8厘米，花萼钟形，淡绿色，长1.5~2厘米，裂片5，三角形，膜质，有紫色条纹，花冠淡黄色，花瓣5，内面紫色，直径2~3厘米；雄蕊多数，呈单体雄蕊，子房5室，每室胚珠数个，花柱5；蒴果，室背开裂，种子多个。

　　北京各山区低海拔的山坡、路边、田埂都有它的身影，说明它生命力顽强。这种常见的野草虽然名叫"野西瓜苗"，却不是我们很熟悉的西瓜的苗。不仅不是，而且两者相差甚远！那为什么叫"野西瓜苗"呢？因为它的叶像西瓜苗期的叶，又是野生的。

　　野西瓜苗开的花十分有趣，有观赏价值。它不是那种艳丽的红花，但它的花萼比较奇特，像钟，淡绿色，裂片5，长达2厘米，膜质，三角形，有紫色条纹，5个萼片相互连接，形成一个灯笼似的圆球形状，加上萼片半透明，十分奇特。开花的相貌，不如花萼包裹时有趣，花瓣黄色，很别致，加上它的叶片掌状，3~5全裂，裂片倒卵形，再羽状分裂，全叶极似西瓜的叶，还真蒙人。把这种植物种在花坛中，供大众观赏挺有意思。

　　种子含油量达20%，可榨油用。全草、种子可入药。

刺儿菜 Common Cephalanoplos

菊科 蓟属 *Cirsium setosum*

汪老师认植物

形态特征

多年生草本，有根状茎，地上茎直立，高20~80厘米；叶椭圆形或长椭圆披针形，长3~10厘米，宽1.5~3厘米，全缘或羽状裂，有硬刺，两面有毛，无叶柄；头状花序单生茎端，雌雄异株；雌株头状花序较小，雄株头状花序较大，花序长可达25毫米，总苞片内层较长，顶端长尖，有硬刺，花紫红色；瘦果长卵形，冠毛羽毛状；花果期4~8月。

逸 闻 趣 事

英国有3个岛：英格兰、苏格兰、爱尔兰。苏格兰历史上遭过一次外敌入侵，由于力量较薄弱，苏格兰军队连吃败仗，边打边退，一天退到一座山上据守，居高临下，占据有利地形。敌军不敢贸然猛攻，相持之下，天黑了，苏格兰兵很疲劳，让哨兵连夜不睡，注视敌人动静，其他士兵先睡一睡消除疲累。半夜，敌军士兵尖叫起来，原来他们碰上了山坡上密生的一种奇花。此花为草本，有一尺多高，叶片羽裂，有许多尖硬的刺。花序头状，总苞也有刺，敌军士兵不知，遂被刺扎，脚上出血了，痛不可忍。他们以为是苏格兰出兵的防御武器，一下子乱了阵，连忙后退，败下山去，而苏格兰士兵惊醒了，一齐冲下山杀敌，大败敌军。这一仗让苏格兰士兵保住了自己的国家不被征服，成为历史上有名的奇花退敌的战役，人们不禁要问，这奇怪的花到底是什么花呀？原来那山坡上长满了的奇花叫"蓟花"，又叫"刺儿菜"。苏格兰人民由此选蓟花为自己的国花。

北京海淀区西边，原有大片水域或湿润的旱田，土壤肥沃，水分充足，我多次经过那里，见田地中长了一大片刺儿菜。令人惊奇的是，刺儿菜花开得好，植株特高，远远高过书上记载的最高1米的数值，我拔了一根，一量，竟高达2.5米。可见土壤肥沃，能使杂草猛长。潜力之大，出乎我的意料。

生于田野、路边、荒地，为杂草，其嫩茎叶可作猪饲料。

菊花 Florists Daisy

原产于我国

菊科 菊属 *Dendranthema morifolium*

形态特征

多年生草本，高30～90厘米。茎基部木质，分枝多，有白色短柔毛。叶有柄，卵形或披针形，长5～15厘米，宽3～4厘米，先端钝或锐尖，基部近心形或宽楔形，羽状深裂或浅裂，裂片长圆状至近圆形，边缘有缺刻和锯齿，正面深绿色，背面淡绿色，两面密生白色短毛，叶柄长或短。头状花序单生或数个集生于茎枝顶端，直径2.5～15厘米，随品种不同差别大、总苞片3～4层，外层卵形、卵状披针形，绿色，边缘膜质，内层长椭圆形，边缘宽，褐色，边缘膜质；舌状花冠白色、黄色、淡红色、淡紫色至深紫色；管状花黄色或由于栽培变异而全为舌状花。瘦果不育。

这里说菊花是指有花植物中的菊科。这是一个最大的科，有千个属以上，23000多种。我们通常观赏的"菊花"，是属于菊科菊属中的一个种。这个种从古代起经人工的精心培养到今天有了极多的品种，还说不出准确的品种数目。

菊花是我国十大名花之一。在讲到梅花和牡丹花之后，就想到了菊花。谈菊花又应先了解所谓的"菊花"。其实它是一个"花序"，因为它的花，常是许多朵花集中起来生在一个总花托上的，从外表上看好像一朵花，有一些人不知底细，常这样去看它。

菊花在古代写作"鞠"，此字之意其花开后向下倾，好像鞠躬的样子。另有一说指"鞠"为"穷"之意，即它开花以后，这一年就不再有别的花开了，穷尽了。《礼记》云，

"季秋之月，鞠有黄华。""华"即指花，黄华就是黄花之意，可见远古时的菊花只有黄色的花，但就是这黄色的菊花，历代诗人咏菊花诗中多注意菊花黄色。如有诗云："家家争说黄家秀。"唐李白："九日龙山饮，黄花笑逐臣。"宋代陆游的"黄花芬芳绝世奇"。唐白居易诗云："满园花菊郁金黄，中有孤丛色似霜。"唐诗有："家家菊尽黄，梁国独如霜"。纵观以上古诗主要说菊花黄色，但第二句说明偶有菊花白色等，说明花色有变异。

古代人重视菊花，除了观赏之外，恐怕还在乎菊花可食，可入酒，可入茶；白居易诗云："更待菊黄家酿熟，共君一醉一陶然。"此外，还有重视菊花的傲霜精神，如苏东坡歌颂菊云："荷尽已无擎雨盖，菊残犹有傲霜枝。"凡此种种，历代以来菊花几乎成了人人喜欢的花。你若问：古代谁人最喜欢菊花？我看晋代陶渊明，又称陶潜，为爱菊第一人，人们称他为"菊花神"一点不为过。他从仕途归田之后隐居，经日与菊花为伍，自得其乐，他的"采菊东篱下，悠然见南山"之句，为人吟诵至今。

园艺品种很多，以花径大小，管状花、舌状花数量及形态为分品种依据。菊花除观赏以外，药用价值很大，如杭白菊、贡菊为著名药用菊花，有明目、平肝功效。

逸闻趣事

陶渊明是晋代人，喜爱菊花。他一生不得志，虽然学问大，却不被朝廷重视，只做过卑微的小官。他41岁就决然于重阳节隐归故里，过田园生活。他的那个家只有苍松绿竹，加上与杂草相混的丛丛菊花。从此陶渊明再也未入仕途，仍过他的"采菊东篱下，悠然见南山"的隐士生活。此后，人们更重视菊花，称菊花为"花中隐士"。

古代关于菊花还有一个笑话。相传有一次，宋代的苏东坡去看望王安石。王不在，苏见其桌案上有一未写完的诗："西风昨夜过园林，吹落黄花满地金。"苏东坡见了笑王知识浅薄。苏自思菊花能抗霜冻，哪有掉落地下的呢！苏就在王诗之后续了两句："秋花不比春花落，说与诗人仔细吟。"后王回家，看见苏东坡给自己诗后加了两句，认为苏知之不多，就任命苏到黄州做新官，苏新上任后，一日大风，他见后园菊花纷纷落地，深感自己错怪了王安石。

款冬（冬花、虎须）Coltsfoot

分布在我国华北、西北，长江以南的湖北、湖南和江西，非洲、欧洲和北美洲也有

菊科 款冬属 *Tussilago farfara*

汪老师认植物

形态特征

　　多年生草本，全株有白绵毛。早春时，先生出几根花莛，高5~10厘米，有白茸毛，有互生的鳞片状苞叶10多个，紫褐色，头状花序直径2.5~3厘米，顶生；总苞片1~2层，有茸毛；边缘花多层为雌花，花舌状，黄色，子房下位，柱头2裂；中央花筒状，两性，花冠5裂，雄蕊5，花药基部有尾，柱头头状，不结实。雌花结的瘦果，长椭圆形，有5~10棱，冠毛淡黄色。叶后来生出，基生，宽心形，长3~12厘米，宽4~14厘米，边缘有波状疏齿，齿端增厚，呈黑褐色，背面密布白茸毛，网状叶脉，主脉5~9条，叶柄长5~15厘米，有白绵毛。北京花期3~4月，果期5月。

　　款冬花，我是在北美的加拿大无意中看见的。从地面冒出几根花莛，顶上生出一头状花序，花序周边有舌状花，中央有管状花，花序外被白色绵毛，未见叶子。据说叶子要稍后一些才生出来。花莛的下部连在土里面横生的根状茎上；花莛梗子上有细如鳞片的小型叶子，有十多个，呈淡紫褐色。先出了花序之后，再出叶子，也是基生的，叶有长柄，叶片宽心形，长达12厘米，边有疏齿，背面一片白色的是茸毛。叶脉掌状，叶柄长15厘米，有白绵毛。

　　款冬的花和叶分开生出来，不在一个枝条上，与众花不一样。

　　款冬有多个别名，如冬花、艾冬花、看灯花。《本草纲目》解说款冬花："……款者，至也，至冬而花也。"《本草衍义》说："百草中，惟此冈顾冰雪，最先春也，世又谓之'钻冻'，虽在冰雪之下，至时亦生芽……""看灯花"一名意思是，元宵节看灯时，为款冬花开花时期。唐代名诗人张籍曾作诗称赞款冬：

　　"僧房逢着款冬花，出寺吟行日已斜，十二街人春雪遍，马蹄今去入谁家。"

　　多见于河边及沟谷的水边沙质地带。

旋覆花 Inula

分布在我国东北、华北、西北，东部、中部各省区及福建、广东、四川等省地

菊科 旋覆花属 *Inula japonica*

汪老师认植物

形态特征

多年生草本，高达 70 厘米，有长伏毛。叶狭椭圆形，基部渐狭或有半抱茎小耳，无叶柄，边缘或有小尖头疏齿，背面有疏毛和腺点。头状花序直径 2.5～4 厘米，排成疏伞房状，梗细；总苞片 5 层，条状披针形，只外层较长；舌状花，鲜黄色，顶端有 3 小齿；筒状花长 5 毫米，雄蕊 5，花药合生，套于花柱外。瘦果圆柱形，长 1～1.2 毫米，有 10 条沟，顶端截形，有疏短毛，冠毛白色，有 20 多条，有微糙毛。花果期 4～10 月。

秋天九月间，旋覆花开了，从茎顶上单生一个头状花序，它的舌状花黄色。那样子有点儿像向日葵，只是小得多，直径也就 3 厘米左右，但黄色鲜亮，而且一见就有一片。北京山区以山坡及山沟地为多。

北京极多见，常说的旋覆花多为此种。生于海拔 300～2300 米，以山地为多，在山坡、路边、草地、农田边、河边、林缘等地常成片生长。

逸闻趣事

《花史》里记载了一个有关旋覆花的神奇故事。应当非真事，但极离奇，有趣："从前有个诗人，出外旅游，看见野地里旋覆花开，好一片金黄色。那小型花盘极像金钱模样，不觉诗兴大发，就此吟诗。吟着吟着，一下子入了梦，梦中见一女子给他好多金钱，开口笑说，这是给他的润笔。诗人一会就醒来了，摸摸怀中有物，拿出一看，是一把金钱花。"自这个故事流传起，人们又称旋覆花为"润笔花"了！

近缘种

欧亚旋覆花 British Inula

Inula britanica

又称大花旋覆花。与旋覆花的区别为：本种叶基部宽大，心形，有耳，半抱茎；叶长圆，披针形，头状花序稍大，直径 2.5～5 厘米；总苞直径 1.5～2.2 厘米。而旋覆花叶基部渐狭或急狭或有半抱茎小耳，椭圆形或长圆形，头状花序直径 2.5～4 厘米，总苞直径 1.3～1.7 厘米。

本种花果期 7～10 月。

线叶旋覆花 Lineariifolia Inula

Inula lineariifolia
分布在我国东北、华北、东部省区

又称窄叶旋覆花，最大特点为叶窄，条状披针形，边缘反卷，基部渐狭无小耳。头状花序径 1.5～2.5 厘米，总苞片外面有腺、柔毛。

花期 7～9 月，果期 8～10 月。

北京各区县极多，生山坡、路边、河岸、草地，海拔 100～500 米地带。

烟管蓟 Pendulate Thistle

分布在我国东北、华北和陕西
菊科 蓟属 *Cirsium pendulum*

形态特征

　　二年或多年生草本。高达 1.2 米，有短根状茎，茎直立，上部分枝，有蛛丝状毛。茎下部叶在花期已枯死，叶宽椭圆形，长 15~30 厘米，宽 2~8 厘米，先端尾状尖，基部渐狭成有翅的短柄，叶片羽状深裂，裂片边缘有尖齿或刺；茎中部叶狭椭圆形，长 8~18 厘米，无柄，微抱茎或不抱茎；上部叶小。头状花序，单生枝端，径 3~4 厘米，下垂，有长梗或短梗，密生蛛丝状毛；总苞卵形，长 2 厘米，基部凹下，总苞片 8 层，条状披针形，先端有刺尖，常向外反曲，中肋暗紫色，背面多少有蛛丝状毛；花冠紫色，长达 23 毫米、管部细长。瘦果长圆形，长 3~3.5 厘米，稍扁，灰褐色，冠毛灰白色，羽状，长 18 毫米。花果期 7~9 月。

　　烟管蓟头状花序较大，开花时，花序向下弯曲，极像一柄一柄的烟斗，人们叫它烟管蓟是有道理的。为什么叫蓟？因其叶羽状裂，裂片边缘有刺，它花序的总苞片也是尖锐刺状，完全属于蓟一类的成员，故叫烟管蓟。这植物还是像烟斗形有趣，因此人们在野外见到时，也不怕它的刺，总要采来观察。

　　烟管蓟花序紫色，形象特殊，栽培为观赏草花也是合适的。

　　北京多见，百花山、东灵山、妙峰山、密云山区均可见。生于山沟湿处及林缘草甸。

春兰 Spring Orchis

兰科 兰属 *Cymbidium goeringii*

形态特征

　　多年生陆生草本，有短根状茎，丛生，叶 4～10 枚，狭带形，长 20～40 厘米，宽 6～10 毫米，先端锐尖，叶边缘有细锯齿，基部有枯叶的叶鞘所成的褐黄色纤维。花莛直立，远短于叶，苞片宽长，花单生，少有 2 朵花，淡黄绿色，有香气，萼片几相等，狭长圆形，顶端急尖，中脉基部有紫褐色条纹，花瓣卵状披针形，稍短于萼片，唇瓣有不明显的 3 裂，短于花瓣，有淡黄色带紫褐色斑点，顶端反卷，唇瓣中央，从基部至中部有 2 条褶片，含蕊柱长约 15 毫米，春季开花。

　　兰花以香闻名。它的兰香，几乎是专有名词，不同于其他花的香。它香得远，透人心脾。我记得 1977 年夏，曾去陕西汉中北大当时的分校，想好好看看当地野生植物。在一座楼上，王副校长对我说他在山野里采了一些兰花，用花盆栽好，放在楼道里，开花那香气，真没法描述，反正一个楼都香了。说起来，他赞叹不已。我相信他的话不假。

　　兰花的香，古人早已领略过了。因此有

逸闻趣事

　　通常人们把兰科植物，不管哪个属的种类都叫"兰花"。从广义上说这没有错，但如果把兰科以外的植物叫兰花，则差别太大，不能让人认同了。我国古代屈原时代，人们讲兰花时，常引用屈原诗："余既滋兰之九畹兮，又树蕙之百亩。"意思是说"我曾培养了九畹地的兰，又栽种百亩地的蕙"。屈原诗中的兰和蕙不是指兰科植物，而是唇形科的泽兰。

"崇兰生涧底，香气满幽林"的赞语。意思是兰花生于山涧的水边，树木茂密的地方，它的幽香四溢，被称为"香祖"，"王者之香"。更有"花中君子""空谷佳人"的美誉。

我国古代分兰花为两大类，一类为"兰"，另一类为"蕙"。前者是一茎出一花，后者是一茎多朵花；前者的代表为春兰，后者的代表为蕙兰。通过现代拉丁文命名，以上二类均属于兰属，但不同种。

兰属中最有名的成员是春兰、蕙兰和建兰（*Cymbidium ensifolium*）。上述兰花中，只有春兰为单生花（偶出 2 花），其他种皆出多朵花。

兰科植物和菊科植物一样，种类数量庞大，有约 700 属、20000 种，广泛分布全球各地，但以热带为多，我国以云南、台湾、海南岛最多。其生态习性有陆生、附生和腐生，少有藤本。陆生兰在种子萌发时要与真菌共生才能得到养分。

蕙兰 Faber Orchis

　　与春兰不同，本种叶脉明显，光照下透亮，花序有多朵花（6~12或更多朵花），苞片狭小，宽仅2~4毫米，唇瓣中裂片有乳突状毛。

莲（荷花、水芙蓉、芙蕖）Lotus

原产于中国、印度、伊朗、大洋洲，现全球广泛栽培

莲科 莲属 *Nelumbo nucifera*

汪老师认植物

形态特征

多年水生草本，根状茎横生，肥厚且长，有节，节处缩细，有须状根。叶大，盾状圆形，多数高于水面，叶面直径25~90厘米，边缘波浪状，叶柄粗长，常生硬刺。花单生于花梗顶端，直径10~20厘米；萼片4~5，早落，花瓣多数，呈红、粉红或白色，有时向内渐变成雄蕊；雄蕊多数，药隔先端细化成棒状附属物；心皮多数，分离，嵌生于花托（莲蓬）穴内，花托在果期膨大，海绵质。坚果（莲子）椭圆形或卵形，长1.5~2.5厘米。种子卵形或椭圆形，长1.2~1.7厘米。花期7~8月，果期8~9月。

我国的莲花文化历史悠久，古代文人留下相当多的咏荷佳作。《尔雅》和《诗经》都有关于莲的记载，《爱莲说》的千古名句"莲之出淤泥而不染，濯清涟而不妖"感动了无数人，而"接天莲叶无穷碧，映日荷花别样红"之类的佳句，读起来朗朗上口，趣味无穷。屈原要"制菱荷以为衣兮，染芙蓉以为裳"，其中"芙蓉"指莲花，屈原想让莲花日夜陪伴自己，他对莲花的钟爱无以复加。

众多诗篇中，王昌龄的《采莲曲》将人与荷花联系起来，特别生动、活泼，是赏荷的经典之作。"荷叶罗裙一色裁，芙蓉向脸两边开。乱入池中看不见，闻歌始觉有人来。"描绘了采莲女穿的罗裙绿得如同荷叶，脸颊红润仿佛出水的荷花般美丽，荡入荷花深处，人与荷花相映生辉，一时难以分辨哪是人、哪是花了，听到歌声才发觉有人来了。这样加入人和花互动的元素，大大提高了诗的艺术魅力。

逸闻趣事

如果以水环境为条件，评选水中花魁，那莲花肯定能当选。我记得20世纪80年代讨论国花候选者时，曾有人提名莲花，因为莲花为水生植物中的佼佼者，原产于中国，这说明莲花在人们心里的地位相当高，而且全国各地都有它生活的身影。这一提名得到了一部分人的支持。至今我们的国花评选尚无定论，但投票给莲花的人却不少。

经过长期人工选育，荷花的形态变化很大，最吸引人的是"并蒂莲"。此莲一梗顶端开出两花，并头状。另有一梗开三花的叫"品字莲"，一梗开四花的叫"四面莲"。还有一年四季开花的"四季莲"，以及小巧玲珑的（花叶均小）"碗莲"等品种。

古代咏并蒂莲的诗词不少，现举一例，如宋代邵雍的《并蒂莲》："汉室婵娟双姊妹，天台缥缈两神仙。当时尽有风流过，谪向人间作瑞莲。"民间流行的并蒂莲歌谣则很通俗易懂：

"花开两姊妹，蒂并一夫妻。芬芳热珍赏，风雨紧相依。"因周敦颐的《爱莲说》盛赞"莲，花之君子者也"，世人便视莲为君子之花。

荷花的一大特点，是花、果、种子（莲子）、根状茎（藕）同时并存，且都可以食用或入药，全身无一"废物"。植物学上，藕其实是根状茎，可作蔬菜；莲子是坚果，可补脾止泻，养心益肾；莲房是花托，可清热止血；莲心是胚，入药有清心火，强心降压之效；荷叶，可用来包装食物。

红蓼 Red Smartweed

分布在我国东北、华北及华南地区
蓼科 蓼属 *Polygonum orientale*

形态特征

一年生草本，茎高 1.5 米以上，上部分枝，有柔毛。叶互生，叶片宽椭圆形，长 7~20 厘米，宽 4~10 厘米，先端渐尖，基部圆形或稍心形，全缘，两面有毛。圆锥花序顶生或腋生；苞片卵形，有长缘毛，每苞内有多花，粉红或白色，花开时下垂；花被片 5，椭圆形；雄蕊 7，伸出花被外，有花盘，齿状裂，花柱 2，柱头球形。瘦果近圆形，略扁，黑色有光泽，包于宿存花被内。花期 7~9 月，果期 9~10 月。

红蓼是种特殊的植物，它可以高达 2 米以上，比其他蓼属植物都高大，但却是一年生的。它的根粗壮，茎直立、粗壮、节部膨大，上部多分枝，叶片也大，宽椭圆形，顶生圆锥花序，有多个花穗，花穗形似狗尾，因此又叫狗尾巴花。其花红色或白色，红色花尤其美丽，花穗下垂。

我在北大校园北部居民区见到人工栽的红蓼，几乎不相信它是草本，因为一是高，二是叶片大，三是花穗多，红艳艳的，"红蓼"之名即源于此。这是一种美丽的庭园花卉，值得栽培观赏。

果可入药，俗名"水红花子"，其地上部分称"荭草"，也可入药。

拳参（拳蓼）Bistort Knotweed

分布在我国东北、华北、西北及华东地区
蓼科 蓼属 *Polygonum bistorta*

形态特征

多年生草本，根状茎肥大，黑褐色，内部紫色，近地面处有残存的叶柄及破碎纤维状的托叶鞘；茎单一，直立，高1.5米以上。基生叶有长柄，叶片披针形至宽披针形，长5~18厘米，宽1~5厘米，先端锐尖，基部心形或截形，叶柄有翅，长达20厘米；茎生叶渐小，有短柄，披针形或条形；托叶鞘膜质，棕色，开裂。穗状花序圆柱形，顶生，花多而密；苞片卵形，膜质，无毛，每苞片内常有4朵花；花粉红或白色，花被5裂，几近基部；雄蕊8，花柱3。瘦果三棱形，长3毫米，红褐色，有光泽，上半部露在花被片外。花期6~7月，果期8~10月。

你如果在盛夏六七月间，登上北京东灵山主峰下的山坡草地，就会发现一种景象：草地中有许多单生的高高的草茎，其顶上有一不是特别长也不短的粉色花穗，在微风中晃动。由于它的个体多，分布面广，因此它晃动的形象格外引人注目。这是什么草？这是拳参，也称紫参，属于蓼科蓼属植物。

为什么叫"拳参"？通常用根入药的植物，多称为参，如人参、党参、玄参……皆是。拳参也以根入药（实为根状茎，比较粗壮如拳），又属于蓼属，所以也叫拳参蓼，紫参之名则因其颜色发紫。在野外，拳参开花时的盛景，只有亲历其境的人才能领略到。

北京妙峰山、百花山、东灵山、密云坡头和延庆、怀柔、房山等山区均有。东灵山高海拔（1500米以上）草坡常见大片生长。

珠芽蓼 Bulbil Knotweed、Serpentgrass

形态特征

多年生草本，有肥厚的根状茎，紫褐色，不分枝。叶片长圆形或披针形，长 1.5～12.5 厘米，先端渐尖，基部圆形或楔形，不下延；基生叶有长柄，茎上部叶几无柄，托叶鞘筒状，膜质，口部斜形，无毛。穗状花序顶生，圆柱形，花序下部或全部的苞片腋内有珠芽；珠芽卵圆形，在母株上可萌发，后脱落入土，自行繁殖；花粉红或白色，花被 5 深裂，雄蕊 8，花柱 3。瘦果三棱形、卵形，褐色，有光泽，包于宿存的花被内。花期 5～6 月，果期 6～8 月。

北京东灵山、百花山、海坨山，海拔 1800 米以上的山地林缘草坡上，有一种小草，高不过 20 厘米，茎顶有紫红色穗状花序，叶片长圆形或披针形，人们说它是一种胎生植物，就是说它从母株上能直接长出新株来，而不必经过种子发芽生出后代。那奇怪的胎生秘密就藏在它的花穗里。

仔细看花穗的下半部，可以看见有一粒粒珠芽，像种子一样，但不是种子。这珠芽是一个营养体，它出生在花序中，到了一定时候会在母株上发芽成小株，再掉到地上生根发叶长成一新株，这就是珠芽蓼胎生的后代了。

这胎生靠珠芽的生存发展而成，一个植株上有好多这种珠芽。因此一棵母株，可生出许多株后代。

珠芽蓼的胎生珠芽，是植物繁殖的一种特殊现象，加上花粉红色，它因此可被引种于公园作观赏植物，用来普及植物繁殖知识也有意义。

月见草 Fragrant Evening Primrose

原产于南美洲，我国早已引种栽培

柳叶菜科 月见草属　*Oenothera biennis*

形态特征

　　多年生草本，高达1米；主根木质，茎直立，有毛。基生叶丛生，有叶柄，茎生叶互生，条状披针形，有短柄或无柄，长达10厘米，宽1~1.5厘米，两面有白色短柔毛，边缘有不整齐稀疏齿。花两性，单生于叶腋，鲜黄色，无花柄，常于夜晚开放；萼筒伸于子房之上，裂片4，披针形，长2厘米，开花时，两两相连，反卷；花瓣4，倒心形，长3厘米，顶端微缺；雄蕊8，等长；子房下位，柱头4裂。蒴果圆柱形，略有4钝棱，有毛，长2~3厘米，径约5毫米。

　　据说月见草只在晚上开花，开一个晚上就谢，是专门开给月亮欣赏的花，因此人们叫它"月见草"。它的花期比较长，可从5月开到10月。为什么月见草选择在晚上开花？

　　每种植物都有自己的生理特性。月见草不适应在高温环境中开花，白天阳光强烈，它受不了，只好在晚上开花了。有人担心，如果晚上开花，谁给它传粉？科学家研究发现，有一种晚上活动的蛾子会落在月见草的花朵上吸食花蜜，顺便粘上月见草的花粉，带到另一朵花上去，如此帮助月见草实现异花传粉。十分有趣的是，有时天气不好，阴云沉沉，好像天黑了，这时月见草的生理系统判断错误，以为天真的黑了，于是开花了。

　　月见草在晚上开花，花鲜黄，美丽有香气，因此可作重要的花坛观赏花卉。

花锚 Corniculate Spurgentian

中国广布，欧洲、西伯利亚至朝鲜、日本也有
龙胆科 花锚属 *Halenia corniculata*

形态特征

　　一年生草本，茎直立，无毛，高50～70厘米，近四棱形，有分枝，节间较长。叶对生，3出脉，下部叶匙形，柄较长，上部叶椭圆状披针形，先端长渐尖，柄短。伞形花序顶生或轮伞花序腋生，花梗短于叶，萼裂片4，披针形，有微毛，基部稍合生；花冠黄褐色、黄色或近绿色，花冠管比裂片长1倍，裂片4，卵状椭圆形，各有1角状距，伛偻状，与花冠等长或较长；雄蕊5，生于花冠管基部，花药丁字形着生；子房2心皮合生，卵圆形，侧膜胎座，1室，胚珠多数。蒴果长圆形，种子多数。花期7～8月，果期9～10月。

　　有一年暑假，教研室几个人决定去北京百花山看野生植物，采些教学用的植物标本和材料，我特别高兴，因为我久闻百花山大名，却未一睹真容。那次大家走了几十里路，终于到山前的黄安坨，这是个居民点。安顿后，我们次日一早就登山了。

　　沿着一条小山道爬上去，当走到大约海拔1500米至1600米的山地时，忽见好大一片野花，大家欢呼起来。我记得同行的南开大学生物系老师李永彪先生还高呼："百花山，真名不虚传啊！"逗得大家一阵笑。我则专注于那些奇花异草，它们五颜六色，美不胜收。忽然，一种草引起我的特别注意：这黄色的花多像船的铁锚！莫不是生长不正常？可仔细一看，生长正常，因为每朵花都长那个样，很像铁锚，后来得知这种植物就叫"花锚"！

　　我自然采了标本，像得到宝物一样高兴。经过鉴定，这植物还真被称为"花锚"，不只分布在北京百花山、东灵山、密云山区，书上说可引种栽培供观赏，我十分同意。可惜，至今未见花坛中出现此种。

近缘种

椭圆叶花锚 Ellipticleaf Spurgentian

Halenia elliptica
分布在我国西北、西南及湖南、湖北等省地

　　花锚属共有 80 多种，主要分布在北半球和南美洲，我国只有 2 种，除花锚以外，另一种为椭圆叶花锚，其叶为椭圆形或卵形，花蓝色，花冠的距较花冠长。

北乌头（草乌）

分布在我国东北、华北地区

Kusnezoff Monkshood　毛茛科 乌头属　*Aconitum kusnezoffii*

形态特征

　　多年生草本，高达 1.5 米，全株几无毛；块根倒圆锥形，长达 5 厘米，黑褐色。茎下部叶有长叶柄，到花期多枯萎；中部叶五角形，长 5~12 厘米，宽 6~20 厘米，基部心形，叶片 3 全裂，中央裂片菱形，渐尖，羽状深裂，小裂片披针形，侧全裂片斜扇形，又不等 2 深裂，正面有微毛，背面无毛。总状花序有分枝，小花多数，无毛，花梗长 1.8~5 厘米，小苞片条形；萼片 5，紫蓝色，几无毛，上萼片盔形，高 1.5~2.5 厘米，侧萼片长达 1.7 厘米，下萼片长圆形；花瓣 2，宽 3~4 毫米，唇长 3~5 毫米，距长 1~4 毫米，向后弯曲；雄蕊多数，花丝中下部加宽，上部细丝状、无毛；心皮 4~5，离生，无毛。蓇葖果 4~5，长 1~2 厘米，种子有膜质翅。花果期 7~9 月。

　　北乌头又叫草乌，是一种剧毒的植物。在北京山区，从低海拔约 200 米到高海拔千米以上都有北乌头的踪迹。它的花很奇异，外萼片大，紫蓝色，5 枚萼片大小不一，在外在上的萼片大，像风兜帽，其他 4 枚小些；花瓣只有 2 枚，且藏在那个风兜帽状的萼片内。北乌头的奇异花瓣不像一般花瓣，而像两根棍子，上部如拐棍的头，头内空空的，但含蜜腺，开口向下。

　　北乌头花的形态说明它适应昆虫传粉的能力很强。花瓣变态成特殊样子，内藏蜜腺，只有口器张开的昆虫种类才采得到蜜。采蜜专门化，效率就提高了，这实在是一种极好的适应性。

　　由于花奇特，花色美，花又多且植株高达 1.5 米或过之，人们多喜欢细看北乌头，甚至移栽它到园里玩赏。但要注意，北乌头的块根有剧毒，含乌头碱等多种生物碱，需加工炮制去毒，方可入药。曾有报道说，某景点饭店招待游山客人用餐，厨师上山采了一种野菜作肴。结果客人食野菜中毒，调查后知是厨师采错了植物，将北乌头的嫩苗叶当野菜使，致中毒之事故。

　　北乌头嫩叶也是掌状 3 全裂，注意鉴别。

近缘种

牛扁（黄花乌头）Puberulent Monkshood

Aconitum barbatum var. *puberulum*

　　多年生草本，高可达 1 米。与北乌头不同，本种花黄色，上萼片圆筒形，高 1.7～2.5 厘米，根为直根，不成块状，叶片两面被紧贴的短毛。

侧金盏花（冰凌花、顶冰花、福寿草）Amur Adonis

分布在中国、朝鲜、日本和俄罗斯远东地区

毛茛科 侧金盏花属 *Adonis amurensis*

汪老师认植物

形态特征

　　多年生草本，根状茎粗短，有多数须根；茎开花时高5～15厘米，后长高可达30～40厘米，近基部有数片淡褐色或白色的膜质鞘。花后叶继续长大，茎下部叶具长柄，无色，三回羽状全裂，一回裂片2～3对，末回裂片狭卵形或披针形，有短尖。花单生或顶生，直径约3厘米，萼片9，白色或淡紫色，狭倒卵形，与花瓣约等长；花瓣约10枚，黄色，矩圆形或倒卵状矩圆形，长1.2～2.2厘米，宽3～8毫米；雄蕊多数，离生，长约3毫米；心皮多数，离生，子房略有毛。瘦果倒卵形，长4～5毫米，花柱宿存、弯曲。

　　侧金盏花不怕寒冷，它能在冰雪还没融化的季节绽放。大多在冬季快过完、春天尚未到来，天寒地冻之时，迎着冰雪开花，因此又被叫作"冰凌花"。它的花是黄色的，在冰雪背景的映衬下，开出金黄色花来，使雪地颇生美景。

　　冰凌花为什么不怕寒冷？因为它的茎很短，不到4厘米高，但根粗壮，又有绒毛保护，冬天快过完时，土壤开始化冻，这为冰凌花开花提供了急需的水分和营养物质。很有意思的是，冰凌花先开花后出叶，即花开后，叶才长出来，它先满足花对营养、水分的需求，为果实发育创造条件，然后长出叶，为下一年制造养料准备好条件。年复一年，冰凌花就可以长期斗雪抗冰生存下去。"冰凌花"真是名副其实，当之无愧。

　　早在几千年前的周朝，东北少数民族就把侧金盏花作为奇花进贡周朝皇帝。此花春季盛开时，尚在冰天雪地里，花色金黄，与白雪相映，具有很高的观赏价值。

　　分布在东北地区，多生于林下或林缘草地中。

翠雀

Bouquet Larkspur、Largeflower Larkspur

分布在我国东北、华北、西北的宁夏及四川、云南

毛茛科 翠雀属 *Delphinium grandiflorum*

形态特征

多年生草本，高 35~65 厘米，茎有反曲贴伏短柔毛。基生叶、茎下部叶有长柄，叶片圆五角形，长 2~6 厘米，宽 4~8 厘米，3 全裂，裂片又细裂，末回裂片条形至条状披针形，宽达 2 毫米，两面有疏毛或几无毛，叶柄特长，为叶的 3~4 倍。总状花序有 3~15 朵小花，顶生，花序轴和花梗有反曲的微柔毛；小苞片条形，长达 7 毫米；萼片 5，蓝紫色，长达 1.8 厘米，外有短柔毛；距较萼片稍长，钻形，长 1.7~2 厘米；花瓣 2，蓝色，先端圆形，有距；退化雄蕊 2，蓝色，瓣片宽卵形，微凹，有黄色髯毛；雄蕊多数，无毛，心皮 3，离生，子房有密贴伏短柔毛。菁葖果直立，长 1.4~1.9 厘米。花期 5~9 月。

在北京山区，五六月间，总能见到一种形状奇特的蓝紫色草花。它的花较大，又以 10 多朵花的总状花序出现，因此一开花，即鲜明显眼，引人注目。这草花名叫翠雀。由于它有枚萼片向后伸出一细管状的距，前面有个开口，很像一只小雀，加上蓝颜色，人们便叫它"翠雀"，还真有点像！翠雀开花时，山野就美丽多了。

可栽培供观赏，有毒植物，切勿入口。

东亚唐松草

Low Meadowrue

分布在我国东北、华北、西北和西南

毛茛科 唐松草属 *Thalictrum minus* var. *hypoleucum*

形态特征

　　多年生草本，高可达 1.3 米，无毛。3~4 回三出复叶，长 35 厘米，有柄，小叶倒卵形、卵形或近圆形，长 1~3.5 厘米，宽 1~3 厘米，基部圆形或近圆形，上部 3 浅裂，中裂片有 3 大圆齿，少全缘，正面绿色背面色淡，有白粉，无毛。圆锥花序多顶生，开散，长 10~35 厘米，花多而小，花梗长 3~8 毫米；萼片 4，绿白色，狭卵形，长 3~4 毫米；雄蕊 10~17，花丝丝状，花药宽；心皮 2~4，离生，柱头箭头状。瘦果无梗，长 2~3 毫米，卵状椭圆形或卵形，有宿存柱头，长 0.6 毫米，有宽翅。花期 6~7 月。

　　东亚唐松草在北京山区相当多。它有 1 米多高，3~4 回三出羽状复叶，长达 30 多厘米，小叶近圆形。它容易被认识的地方是，叶多回羽裂，圆锥花序顶生，像塔，很高而且宽，花却十分小和多，只有萼片，无花瓣。花中无蜜腺，是风媒植物。它多在 6~7 月盛花，摇一摇它的茎干，你就会看见花序上有黄白色烟雾散出，那是花粉向外扩散的样子。它的果子小，也为瘦果。

瓣蕊唐松草（马尾黄连）Petalformed Meadowrue　　*Thalictrum petaloideum*

多年生草本，高达70厘米，无毛。与东亚唐松草的区别：本种小叶小，花丝比花药宽2倍，白色，花瓣状。

本种在有些地区以其根作马尾黄连代用品，用以清热燥湿，泻火解毒。本种也可栽培观赏，叶细小精致，花白色，花药花丝形态特殊，栽于花坛极适宜。

华北耧斗菜 Yabe Columbine

分布在我国东北、河北、西北及华北地区
毛茛科 耧斗菜属 *Aquilegia yabeana*

形态特征

　　多年生草本，高40~60厘米，有疏毛和腺毛。基生叶少数，1~2回三出复叶，小叶菱形、倒卵形或宽菱形，长2.5~5厘米，宽2.5~4厘米，3裂，边缘有圆齿，正面无毛，背面疏生短柔毛，叶柄长8~25厘米，茎生叶小。花序有少数花，花下垂，密生短腺毛；苞片3裂或不裂，狭长圆形；萼片5，紫色，狭卵形，长1.6~2.6厘米；花瓣5，紫色，瓣片长约1.2厘米，顶端圆截形，有距，距长1.5~2厘米，末端呈钩状内曲，外疏生短柔毛；雄蕊多数，不伸出花瓣，花药黄色，内轮雄蕊退化，白色，膜质，长5毫米，先端尖，边缘皱波状；心皮5，密生短腺毛。蓇葖果长1.7厘米；种子黑色，无毛。花期5~7月。

　　在北京山区海拔千米以上的林下、林缘或山坡上，我们能见到华北耧斗菜。这种草本植物有5枚花瓣，每瓣的样子像耧斗，上部开口，下部是一管状物，管底弯曲封闭，管里面有蜜腺，蜜腺可以吸引长吻昆虫采蜜、顺便为之传粉。异花传粉的好处是：所产生的种子得到父母双方的遗传特性，后代的生命力强健。

　　由于花的样子特殊，华北耧斗菜有生物学意义；花色也很漂亮，紫色，因此适合栽培作观赏花卉。

　　多生于山坡、山沟阴处和林下草地。种子含油，可供工业用。

耧斗菜 Greenflower Columbine

Aquilegia viridiflora

　　与华北耧斗菜的区别在于，本种花较小，黄绿色或褐紫色，花瓣的距末端不呈弯钩状，雄蕊伸出花冠之外。

水毛茛

分布在我国东北、河北、山西、甘肃、青海、四川、云南、江苏、江西及西藏

Bunge Water Buttercup

毛茛科 水毛茛属　*Batrachium bungei*

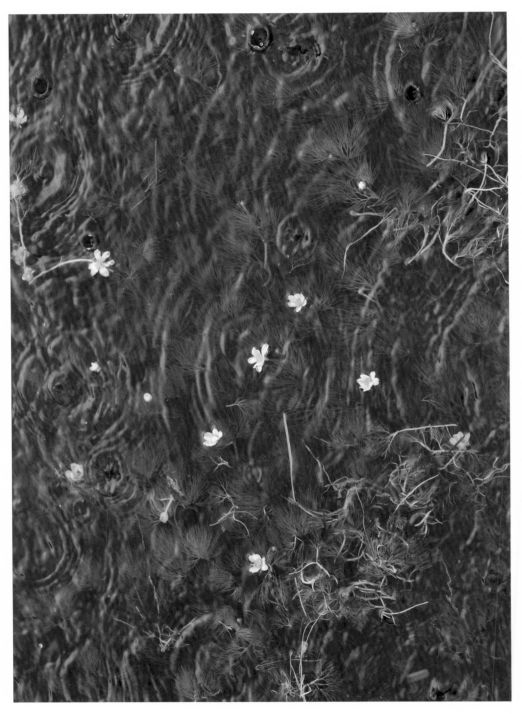

形态特征

多年生沉水草本。茎长约25~30厘米，茎上无毛或有疏毛。叶柄长1厘米，叶柄基部成鞘；叶片轮廓近半圆形或扇状半圆形，直径约2.5~4厘米，3~5回2~3裂，小裂片，呈丝状毛发状，几无毛。花直径1~1.5厘米，花梗长2~5厘米，无毛；萼片5，反折，卵状椭圆形，长2.5~4毫米，边缘膜质，无毛；花瓣5，白色，倒卵形，长5~9毫米；雄蕊多数；心皮多数，离生；花托有毛。聚合果卵球形，直径3.5毫米；瘦果狭倒卵形，长1.2~1.8毫米，有横皱纹，略有粗毛。花期5~8月。

陆地生的毛茛常开黄色的花，水里生的毛茛常开白色的花，因此分开成2个独立的属。但有学者将水毛茛并入陆生的毛茛。本书仍分开，故叫水毛茛，拉丁学名与陆生毛茛不同。

水毛茛约有30种。我国有7种，北京3种，其中多见的为水毛茛。在北京海淀区北安河金山，海拔约100~200米低山地水沟静水池或山涧流水中可见到水毛茛。大约5月间开花，整个植株全沉于水面以下，但花朵伸出水面以上，常有昆虫为之传粉。花白色，像梅花一样，星星点点，点缀水面，别有一番风味。如果捞出它的植物体看看，则是一团细丝状的叶和稍粗的茎枝。水的环境，让它生成这样子，以适应生存。

北京山区低海拔山沟或水池有积水处有之。

近缘种

北京水毛茛 Beijing Water Buttercup *Batrachium pekinense*

特产于北京，南口至居庸关之间，生于海拔 200～400 米，山谷溪水之中。

与水毛茛不同，本种的叶"二型"，沉水叶裂片丝形，上部的浮水叶 2～3 回 3～5 中裂至深裂，裂片较宽，末回裂片短线形，宽 0.2～0.6 毫米，叶柄长 0.5～1.2 厘米。

北京水毛茛为植物与环境关系的例证，说明水环境对植物叶形态的影响。沉水中的叶片细裂为丝状，来减少叶承受水的压力；近水面的叶，裂片较宽，证明了较深水处叶承受较大的压力。

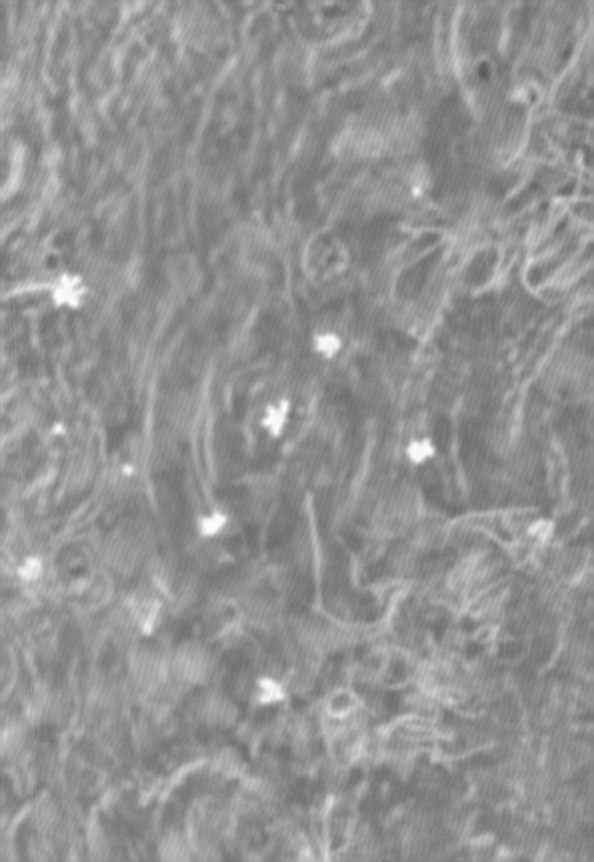

大花美人蕉 Large Flower Canna　美人蕉科 美人蕉属　*Canna × generalis*

形态特征

多年生草本，高达 1.5 米。叶片长圆形，长 10～30 厘米，宽可达 10 厘米。总状花序超出叶之上，花大红色，苞片绿色、卵形，长约 1.2 厘米，萼片 3，披针形，长约 1 厘米，绿色，有时带红色；花冠管短，不及 1 厘米长，花冠裂片披针形，绿色或深红色；外轮雄蕊变态，3～2 个，呈鲜红色，其 2 个呈倒披针形，长达 4 厘米，宽 5～7 毫米，另 1 个小，长仅 1.5 厘米，宽 1 毫米；唇瓣披针形，长 3 厘米，弯曲；发育雄蕊的花丝扩大呈花瓣状，多少旋卷，边缘有 1 个具 1 室的花药，花柱扁平，一半和发育雄蕊的花丝联合；子房下位，3 室，每室有多个胚珠。蒴果 3 瓣裂，有软刺，长达 1.8 厘米。种子球形。花果期 8～10 月。

在北大校园见过大花美人蕉。它叶片大，像芭蕉叶，开花时花大，红红一片，颇艳丽，是一种美化庭院的花卉。美人蕉类的花特殊，看上去花色红艳，似为花瓣，实际是退化雄蕊变态成花瓣状。外轮 3 个雄蕊均如此，其中 1 个称"唇瓣"是由于它稍狭窄而外卷，形态有变，特称"唇瓣"。此外，还有发育的雄蕊，花丝也呈花瓣状，多少旋卷，边缘有 1 个 1 室的花药。

地榆 Garden Burnet

分布在全国大多数省区
蔷薇科 地榆属 *Sanguisorba officinalis*

汪老师认植物

形态特征

多年生草本。高近1米，全株有长柔毛。羽状复叶，基生叶有小叶3~6对，顶小叶最大，倒卵圆形，长5~10厘米，先端急尖，基部截形或近心形，边缘有浅裂或粗齿，正面绿色，有疏伏毛，背面色淡，有密短毛和疏伏毛，侧生小叶较小，无柄，不等大，小叶间有小裂片，茎生叶互生，小叶3~5个，卵形，3浅裂或羽状分裂，有托叶2个，卵形或倒卵形。花单生，或3朵成伞房状，径1.5~2厘米，花梗粗壮，有柔毛；萼片2轮，各5片，外萼片条状，披针形，内萼片三角卵形，较外萼长；花瓣5，深黄色，宽卵形或近圆形；雄蕊多数，分离，雌蕊多数，离生。瘦果多数，离生，长椭圆形，稍扁，长2毫米，棕褐色，顶端有钩状长喙，聚合果近球形，径1~1.3厘米。花期5~8月，果期7~9月。

我们通常吃的水果杨梅是杨梅树上摘下来的水果，那么为什么有水杨梅？是生长在水边的杨梅吗？不是，这水杨梅不是杨梅，而是一种草本植物的果实。这种果实不能吃，但它的样子像杨梅，而且此植物多生在水边湿地、山沟边，因此叫它水杨梅。

水杨梅植株约有50~60厘米高，开金黄色的花，也挺好看的。它怎么形成像杨梅那样的果实呢？原来它的花托上，有许多雌蕊，且都是离生的，加上花托本身有些向上凸起，雌蕊多而密生在花托上，整个像一个小圆球，等果实成熟，就成聚合瘦果了，一个聚合瘦果就像一个水杨梅的果实。

水杨梅每个果实是一个瘦果，顶端有一根近上部处弯曲的花柱，所以一个聚合瘦果外有许多不脱落的带小弯曲的花柱。差不多见此形状的果，即可辨认为水杨梅了。

北京郊区各县、区的山地多见。生于低洼地、水边、水沟边、湿地，也有生于林内。

酸浆 Winter Cherry

分布在全国广大地区
茄科 酸浆属 *Physalis alkekengi*

形态特征

　　多年生草本，高 30～60 厘米。有横走的根状茎，地上茎直立，节部稍膨大，无毛或有细软毛。叶在茎下部的互生，上部的假对生；叶片长卵形，基部楔形，偏斜。花单生叶腋；花萼钟状，5 裂，有短柔毛；花冠辐状，5 裂，白色，直径约 2 厘米；雄蕊 5，生花冠基部，花药纵裂；子房 3 室，胚珠多数。浆果圆球形，熟时橙红色，多汁，种子多数，扁平，果外有宿存的膨大、呈橙红色的花萼包围。花期 6～9 月，果期 7～10 月。

　　为什么说酸浆成熟的果像红灯笼？是指它在成熟果期时，果外宿存的花萼不掉落，膨大呈一小灯笼形状，橙红色或橘红色，十分美丽。红灯笼又叫锦灯笼、挂金灯或红姑娘，十分有趣。

　　酸浆在北京多见野生，生路边或村庄附近山地；在北大校园也有发现。小孩喜欢它橙红色的萼和浆果。北京郊区村落附近，荒地，路边均见。

　　酸浆因其特殊的果萼形态，民间有多种别名。除上文述及的以外，还有金灯、灯笼果、泡泡草等。由于宿存萼红色，果红色，有观赏价值，故栽培作观赏花草也有价值。

芍药 Paeony

原产于我国东北、华北和西北
芍药科 芍药属 *Paeonia lactiflora*

汪老师识植物

形态特征

多年生草本。根粗壮，黑褐色，茎无毛，基部有鳞片，高达90厘米。下部茎叶为2回3出复叶，上部叶为3出复叶，小叶狭卵形，椭圆形或披针形，先端渐尖，基部楔形或偏斜形，边缘有白色骨质细齿、两面均无毛、叶柄长5~9厘米，无毛。花数朵，腋生或生茎顶，花径9~13厘米；萼片4，近圆形，长1~1.5厘米；花瓣9~13片，倒卵形，长3.5~6厘米，白色，有时基部有紫斑；雄蕊多数，花丝黄色，离生；花盘浅杯状，藏在心皮的基部，顶端有钝圆的裂片，心皮常为3个，无毛，柱头扁形，向外反卷，胚珠多数，沿腹缝成2列排列。菁葖果长2.5~3厘米，顶端有喙，种子圆球形，黑色。花期5~6月，果期9月。

在我的印象中，公园里栽种的芍药，其花之大之美，不比牡丹差。但牡丹却成为众人心目中的国花，而芍药似乎被冷落于一边，连十大名花都排不上。

说起芍药，勾起了我的往事。那是2005年了，我随我校城环系的师生去西罕坝的野外进行植物实习。西罕坝在河北省北部围场地区。那里有森林，也有草原和沙地，环境多样，曾经是康熙皇帝打猎的地方。我去那里真是好奇得很，对一草一木都觉得新鲜。白天出去，老绷紧了神经，目光四射，专注当地的植被，兴奋得很。

一天在一个沙丘附近，有一些杨树，树下有些杂灌木，忽然看见了白色的花朵，花朵还很大。走近去察看，这不就是芍药吗？我一下子兴奋起来，左看右看，没错，是芍药，跟公园里栽种的没什么两样。这是我第一次看见了野生的芍药，它生长的环境并不好，沙子地，周围有点灌丛，有几株树木。在这沙地中，能有灌木和树木就不错了，可以防沙埋或大风刮沙，而且是在一斜坡下面，芍药够坚强的了，在别的地方还见过野生芍药，都生长在

林下。从前只知芍药是栽培于公园中的名花，亲见野生芍药这是头一次，很兴奋！

芍药的栽培历史比牡丹早。三千多年前，人们尚不知牡丹时，芍药就已深受大众欢迎。因为它花朵硕大，色泽美丽。古代人形容美丽会说"绰约"，时间长了，人们认为芍药为草花，便将"绰约"改为"芍药"。据说后来人们发现了牡丹，与芍药对比，仅木本与草本之异，就叫牡丹为"木芍药"。

我的看法是，芍药花之大之美不在牡丹之下。也许由于帝王观念的关系，牡丹发迹在长安（今西安），故都以它为木本更强，定它为"花王"，而芍药为"花相"。但人们谈到牡丹时，总连带说芍药，二者似不可分。如宋代即广传"洛阳牡丹，广陵（扬州）芍药"，后来牡丹从长安传到洛阳，洛阳成为其中心地。

芍药的根可入药。用栽培芍药的肥大根放水中煮沸成熟再晒干，便是中药中的"白芍"，有养血平肝，收汗止痛之功。有人说开白花的芍药的根为白芍，这是想当然的误解。野生芍药的根和栽培的芍药中细瘦的根，不煮而直接晒干者，则称"赤芍"，入药有泻肝火、散恶血的功能。有人想当然地说开红花的芍药为"赤芍"，这也是误解。芍药和牡丹的花瓣均可食用。清代慈禧太后喜食芍药、牡丹花瓣。将花瓣整片放在用鸡蛋调制的面粉里，分甜和咸的两种，加入鸡精和糖，再一片片放入油锅里炸透，就成好吃的食品了。

逸闻趣事

芍药在历史上又称"婪尾春"，它开花期比牡丹晚不少："谷雨三朝看牡丹，立春三朝看芍药"，说明芍药开花比牡丹晚多了。婪尾春即指芍药在春末夏初之时开花。宋代苏东坡有诗赞扬州芍药："倚竹佳人翠袖长，天寒犹著薄罗裳。扬州近日红千叶，自是风流时世妆。"苏还曾说"扬州芍药为天下冠"。扬州当时曾举行"万花会"，说明当时扬州芍药之盛。芍药花大者直径超过一尺。扬州芍药在清代时早已移植到了北京丰台，得到大发展，有"丰台芍药"甲天下的美誉。今芍药胜地除扬州之外，尚有山东菏泽、安徽亳县、浙江杭州、北京丰台等地。品种至少近百个，花色有白、黄、红、淡红、紫等等。

紫罗兰 Common Stock

原产于欧洲南部，我国引种栽培
十字花科 紫罗兰属 *Matthiola incana*

形态特征

多年生草本，高达 60 厘米，有灰色星状毛，茎多分枝；叶长圆形或倒披针形，长 3~5 厘米，宽 5~10 毫米；总状花序顶生、腋生，花紫红色、淡红色或白色，径约 2 厘米，花梗粗壮，长约 3~5 毫米，萼片长圆形，长 8~12 毫米，花瓣倒卵形，长 15~30 毫米，下部有长爪；雄蕊 6，外轮 2 根短，内轮 4 根长；长角果圆柱形，长 7~8 厘米，有星状毛，上端有短喙，果梗长 1~1.5 厘米；种子近圆形，扁平，棕色，有膜质翅，白色；花期 3~5 月。

紫罗兰是广受人们喜爱的一种花，其茎叶和花含有紫罗兰素。它的老家在地中海一带，据说 1892 年被欧洲人发现时，紫罗兰立即受到欢迎，欧洲各地都种植它。紫罗兰的栽培不费人工，适应力极强，从欧洲的老房子墙缝里或废弃的坍塌的墙壁上都能找到它。欧洲人因此戏称它为"墙壁花"。真不明白，为什么欧洲人一见到此花，就狂热地喜欢它？意大利人视它为国花，可能是这种花的美丽形象，呈现了一种优雅的感觉，让人激动。人们喜欢种植它，希望它宜人的香气能给人以精神上的安慰，在西方社会它的花语是"清凉"，植物学家赞它是香草中的贵族。更有人赞紫罗兰为"爱情之花"，它表达了恋人们"羞怯但又执着的心情"，象征"永恒的美"。据说 1815 年 3 月 20 日，拿破仑从厄尔巴岛逃出来时，他的追随者们头上戴着紫罗兰，人们喜欢他，希望他得到紫罗兰结的好运，再称霸欧洲。据说紫罗兰是他与其爱人约瑟芬的定情信物。紫罗兰传到俄国后，立即受到俄国人喜爱，广泛分布。由于紫罗兰高贵、淡雅的色彩为少女追求的时髦颜色，因此人们认为紫罗兰是"爱情之花"。

君子兰 Scarlet Kafirlily

石蒜科 君子兰属 *Clivia miniata*

石蒜科

形态特征

多年生草本，假鳞茎由叶基构成。叶片革质，深绿色，宽带状。伞形花序，直立；花多朵，外面黄红色，内面下部带黄色，花冠管长约5毫米，外层裂片顶端有尖，内层裂片倒卵状，披针形，顶端微凹，较雄蕊略长；雄蕊6，子房下位，3室，每室数胚珠，柱头3裂。浆果红色，球形。

1854年，在非洲的纳塔尔发现了君子兰，花朵大红色，受到人们的欢迎，被引入欧洲栽培，后又传入日本；20世纪30年代由日本传入我国东北。当时的东北伪满洲国，是日本人将之作为珍奇花卉送给满洲国皇帝的，在皇宫花园栽培，供宴会或祭典陈列之用。抗战胜利之后，君子兰才与广大人民群众"见面"。因为人们的喜爱，通过培育杂交，产生了好多新品种。又据说君子兰还在伪满宫廷中时，有个和尚弄到一盆这种花，他带回异国后自己秘密培育出了新奇品种；花更大，更好看，人们干脆叫这个新品种为"和尚"。

人们乐于培育君子兰的新品种，就有了花色的变化，深红、淡红、橘红乃至黄色；叶片也有变化，其宽度有达10厘米的，但是并不太长。人们喜欢这种花，叶片很厚，亮绿色，叶脉清晰，花莛粗直，开花大而多，因此受到重视。总之，君子兰从叶形态、叶色、质地、花莛粗壮到花朵硕大，色彩艳丽都有特色，就多成了珍品，价格高昂。当时以东北长春一带为中心，形成一股君子兰热。君子兰由于花朵大，因此又称"大花君子兰"。

怎样赏君子兰？首先注意此花的花、果和叶都有高的观赏价值；这在众花中少见，魅力超群芳。有人称它有"蕊开红袅袅，叶立碧亭亭"的风格。

水仙 China Narcissus

原产于欧洲
石蒜科 水仙属　*Narcissus tazetta* var. *chinensis*

形态特征

多年生草本，鳞茎卵圆形；叶狭长条形，扁平，先端钝，全缘，绿色，花葶与叶约等长或稍长；伞形花序，有花4至多朵，花柄不等长，伸出佛焰苞状总苞外，花白色，有香气，平展或下倾，花被管细，高脚碟状，6裂，裂片几相等，倒卵形，平展，副花冠浅杯状，黄色，短于花被；雄蕊6，子房3室，每室多胚珠，柱头3裂；蒴果。

水仙为我国十大传统名花之一，小巧玲珑，喜水，叶片像葱、蒜，花心像黄金做的杯子，怎么看怎么奇，难怪得水仙之名，别名也多，如天葱、雅蒜、雅客、江梅、姚女儿、女史花、雪中花、凌波仙子、俪兰、配玄、水鲜……但比较流行的叫法是"水仙"。

在北京，水仙是冬天，特别是春节期间的室内观赏奇花，一个陶瓷盆子，往里放一些石块，加上水，就可以养水仙。将水仙的蒜头般鳞茎放入石堆中，加水浸之，水仙就能抽叶，再过一段时间生出花葶，一朵朵精致美丽的白边黄心的花就显现了。隆冬春节，室外一片枯黄，室内却由于水仙花盛开，顿生春色，人们观之精神振奋，难怪评它为十大名花之一。

原产于欧洲，也有人说我国是原产地之一，因为在福建、浙江和台湾发现过野生水仙。自唐代起，我国民间就知道水仙，历来文人咏水仙的极多，佳作不少，在此不赘。

将水仙的鳞茎捣烂外敷，可治痈疮、虫咬，其花可被提取香料制作香水和化妆品。注意别把水仙鳞茎当成蒜头一样吃，因为它有毒。

百合科植物的花具有上位子房，即花被和雄蕊着生在雌蕊的下方，子房位于花托上面的中心，而石蒜科的花为子房下位，即花被和雄蕊位于子房上方，子房在下，所以说水仙属于石蒜科。

地黄 Rehmannia

分布在我国东北、华北、西北、华东和华中
玄参科 地黄属 *Rehmannia glutinosa*

形态特征

多年生草本。全株生淡褐色长毛及腺毛，根状茎肉质，黄色，茎单一，有时基部分生几枝，高15～30厘米，紫红色。茎上叶少，叶多基生，倒卵形或椭圆形，长2～10厘米，宽1～3厘米，先端钝，基部渐狭成叶柄边缘有钝齿，正面有皱纹，绿色，背面淡紫色，有白长毛及腺毛。总状花序顶生，有腺毛，花梗长1～3厘米，苞片叶状；萼钟状，5裂，裂片三角形；花冠筒状微弯曲，长3～4厘米，外紫红色，内面黄色有紫斑，下部渐狭，上部二唇形，上唇2裂反折，下唇3裂直伸；雄蕊4，生花冠近基部；子房卵形，2室或1室，花柱细长，柱头2裂，裂片扇形。蒴果卵球形，长约1.6厘米，先端有喙，室背开裂，种子多数，卵形，黑褐色，表面有网眼。花期4～6月，果期6～7月。

逸闻趣事

唐代诗人白居易的《采地黄者》一诗，道出了那时人民生活之苦境。诗曰："麦死春不雨，禾损秋早霜。岁晏无口食，田中采地黄。采之将何用？持以易糇粮。凌晨荷锄去，薄暮不盈筐。携来朱门家，卖与白面郎。'与君啖老马，可使照地光。愿易马残粟，救此苦饥肠。'"

此诗意思是：春不雨，麦早死，秋遇早霜为害，年终无粮食。农民只好去挖地黄，用以换粗粮，挖一天也未满筐。将之与富家子弟喂马，马吃地黄，毛色可光润，愿以地黄换点马吃的粗粮来充饥。说明那时马吃的粗粮成了穷苦人的救命粮，好苦啊！这野生的地黄成了当年穷人救命的宝物。

春天来了。北京四月中，地上的杂草就纷纷露面了，荠菜、苦荬菜、蒲公英、独行菜、附地菜……都来凑热闹了。你注意过没有？在这些草花中，有一种名叫地黄的野草花，极为显亮。它有几片较大的叶子，几乎贴地面而生，叶丛中抽出一花茎，上部有花，一朵或少数几朵，花朵较大。那么矮的草，却有较大的花，让人特眼相视。还有它全身，不论叶和花茎都有较长的毛。地黄的花朵像个管子，称唇形花冠，分二唇，上唇2裂、下唇3裂，花中有蜜，称"蜜罐"，常引来昆虫"拜访"。

我只听说地黄的根入药，它的根较粗长。

地黄是有名的治衄血的药。宋《信效方》记载一个故事。该书作者有一次在汝州验尸，但有个地保赵温没有来，据说他流鼻血太厉害了，可能生命垂危。作者就去找赵保，果然他鼻子流血不止，于是作者派人找到生地黄十多斤，让赵吃生地黄三至四斤，又用生地黄塞赵的鼻孔，血终于止住了。

宋代苏东坡曾作诗《小圃地黄》赞地黄的药用价值："丹田自宿火，渴肺还生津。愿饷内热者，一洗胸中尘。"

秋天挖地黄干燥后，直接切片入药的为"生地黄"。生地黄加黄酒拌蒸，至其内外色黑油润，即为"熟地黄"。

北京平原山地多见，生于路边、荒地、山坡、杂草地。

白屈菜 Celandine

罂粟科 白屈菜属 *Chelidonium majus*

形态特征

　　多年生草本，高达90厘米。主根粗，呈圆锥形，土黄色或深褐色。茎直立，分枝多，有白长柔毛，含黄色汁液。叶互生，有长叶柄，1~2回羽状全裂，全裂片3~7个，卵形，长圆形，裂片又常3裂，侧裂片基部呈托叶状，边缘有不整齐缺刻或齿，正面绿色，背面近绿白色，有白粉，有伏生毛。聚伞花序有数花；萼片2，椭圆形，有疏毛，早落；花瓣4，黄色，倒卵形；雄蕊多数；心皮2，子房细圆柱形。长角果状，直立，长2~4厘米，无毛，熟时自下向上2瓣裂。种子小，卵形，暗褐色，有网纹和鸡冠状突起，有光泽。花果期5~7月。

　　白屈菜在山野里能见到，多生长在阴湿的山沟中，如北京金山，门头沟区东灵山，小龙门森林公园，还有延庆松山等地。有一个很好的认识它的方法：首先是草本，撕破其叶，会马上流出黄色汁液；叶是1~2回羽状全裂的，裂片又再有缺刻或齿。根呈土黄色，花呈亮黄色；蒴果细圆柱形。就黄色汁液一点，认识已差不多了。

　　根和全草可入药，因有小檗碱和白屈菜碱，有止咳、消炎、止痛的作用。

马蔺 Chinese Small Iris

分布广，我国河北、山西至西北特常见，华东各省也有

鸢尾科 鸢尾属 *Iris lactea* var. *chinensis*

形态特征

多年生草本，根状茎粗短，基部有纤维状老叶，形成叶鞘。叶条形，绿色。花蓝紫色；花被片6，外轮3片较大，匙形，向内弯曲，中部有直条纹，内轮3片较小，披针形，直立；雄蕊3，贴在弯曲花柱的外侧，花药长形，纵裂；子房下位，狭长，花柱3，末端3裂，花瓣状，蓝色，子房3室，每室多胚珠。蒴果长圆柱形，有3棱，顶端细长。种子多，近球形，红褐色，有不规则棱。花期4~6月，果期5~7月。

北京山区有一种叫马蔺的草。修长的叶，如一根根带子；淡蓝色的花，从叶丛中伸出；花朵单生，颇大，奇特又好看。此花奇在它的花柱有3个，每个末端2裂、宽展、呈花瓣状，不了解的人，还以为是真正的花瓣！马蔺几乎不择土壤，自由自在地长在路边、草丛中、山坡上。它的叶不怕践踏，因为它的叶强韧，富含纤维，被踩踏几下毫发无损。正因此，人们利用它当绳子捆东西，还可造纸用。

近些年，马蔺已被用于绿化庭园草地，叶丛齐刷刷地很美观。

射干 Blackberry Lily

原产于中国和日本

鸢尾科 射干属 *Belamcanda chinensis*

汪老师认识植物

形态特征

多年生直立草本，有根状茎，匍匐，高可达近1米。叶无叶柄，呈2列，扁平，剑形，多脉，叶基抱茎。聚伞花序顶生，花的分枝及花柄基部有苞片，膜质，苞片卵形或披针形；花被片6，呈2轮，外轮3片大于内轮3片，外轮先端向外反卷，橘黄色，有紫红色斑点；雄蕊3，贴生于外轮花被片基部，外向开裂；子房下位，3室，倒卵形；花柱单一，先端3裂，裂片上缘稍外卷，赤黄色，不扩大呈花瓣状，有细毛，胚珠多个。蒴果长椭圆形或倒卵形，室背开裂，种子多个，黑色近圆形，有光泽。花期7~8月，果期9~10月。

射干花橘黄色，带紫红色斑点，像鸢尾的花。二者最大的不同是，射干的花柱3裂，每裂片顶部不再2裂，花柱裂片也不扩宽呈花瓣状，这是它与鸢尾分属的重要依据。如果光看马蔺的叶子形状，也是剑形，扁平，也为2裂，则太像鸢尾了。

射干的别名多，由于花叶形态奇特，故又叫乌扇、扁竹、绞剪草、剪刀草、山蒲扇、别萱花、蝴蝶花。

花好看，作观赏花卉，一点也不逊色。根状茎可入药。

附地菜 Pedunculate Trigonotis

分布在我国东北、华北及其他省区
紫草科 附地菜属 *Trigonotis peduncularis*

形态特征

　　一年生草本，从基部分枝，高5~20厘米，有贴伏的细毛。基生叶倒卵状椭圆形或匙形，长0.5~3.5厘米，宽3~8毫米，先端钝圆，基部渐狭，下延成柄，两面有细毛，毛硬；茎下部叶与基生叶相似，上部叶椭圆状披针形，先端钝尖，基部楔形，两面有细硬毛，无柄。茎上部花序长可达16厘米，基部有2~4苞片，被短伏细毛；花萼裂片椭圆状披针形，先端尖，有短毛；花冠蓝色，裂片5，钝圆，喉部黄色，有5枚鳞片状附属物；雄蕊5，内藏，子房4深裂。4小坚果，小坚果4面体形，有细毛，有短柄，棱锐尖。花期5~6月，果期7~8月。

　　每到春天，北京大学的草地，或山坡下，或绿篱下，都会生出许多植株细弱的小草，高不过20厘米，生命力极盛。不几日它就在茎顶或上部生出小巧细致的花朵来，花冠有5枚整齐的裂片，圆形，像小型梅花裂片。可这花不是纯白色，而是淡紫色，中心有个孔。这种小草叫附地菜，其叶片也秀气，椭圆形或匙形；花序细长可达16厘米，细看看，花冠的中心小孔处有5粒附属物。如果想看看果实什么样，就要去掉花冠，细看花萼里面的基部，就会看见呈十字形裂的小果子。为什么叫它附地菜？因为它形体小，不高，好像附在地上生长一样。

　　北京分布极多。春天，凡路边、荒地、田间地，都有附地菜。城市的废地、荒地也可见。

近缘种

钝萼附地菜 Obtuse-sepal Trigonotis

Trigonotis peduncularis var. *amblyosepala*
分布在我国华北及河南、陕西、山东等省

　　本种与附地菜不同，萼先端钝圆，花略大。多生于山地、石质山坡或沟边草地。

紫茉莉（夜饭花、粉豆花）Marvel of Peru

原产于美洲，我国各地栽培
紫茉莉科 紫茉莉属　*Mirabilis jalapa*

形态特征

一年生草本，茎直立，分枝多，几无毛。叶卵形、卵状三角形，长3~12厘米，宽2~8厘米，先端渐尖，基部截形或近心形，全缘，无毛，叶柄长1~4厘米。花单生枝端，苞片5，萼片状，长1厘米，绿色；花紫红、红、黄或白色，漏斗状，管部长2~6.5厘米，顶部平展，5裂，径达2.5厘米。瘦果球形，黑色，有棱。花果期7~10月。

在燕园或居民小区的绿化带、公园、庭院，常能见到紫茉莉。这是一种草花，高不过20~80厘米，三角形的叶，花紫红、黄色或白色，像小漏斗，顶部平展、5裂，果实黑色、球形，有棱纹。一次我路过此花，见一小孩在拾它的果实，我就开玩笑问他，这花叫什么？他说，这是地雷花。"地雷花？"这名字我十分陌生，心想这不是紫茉莉吗，怎么叫地雷花？我细看了果实，明白了，这果实确有几分像地雷，圆圆的，有花纹、有棱，顿感民间给植物起名很合实际。我再去翻书，书上说紫茉莉别名"胭脂花"，未见"地雷花"之名，可我认为此名相当好。

又一次，我记不清是读了一本什么书，书中说日本也有紫茉莉，日本民间习称它为"晚饭花"，因为它总在傍晚开花，傍晚正是吃晚饭的时候。我惊叹人们观察得仔细，从此也记住"晚饭花"这个名了。

紫茉莉的花多为紫红色，像漏斗，这个"漏斗花"无疑是由花瓣形成的。可我看书里说，紫茉莉花下的苞片极似萼片，而真正的萼片合生成漏斗状，极像花瓣形成的花冠，那么花瓣呢？书上说无花瓣（见《北京植物志》上册第181页关于紫茉莉科和紫茉莉属的描述）。

植物的花真是千变万化，学习植物科学可以帮助我们了解植物的花。

叶和根入药，清热解毒，种子里胚乳干后可作香料，可制化妆品。

角蒿 China Hornsage

分布在我国东北、华北、西北及河南、山东、四川

紫葳科 角蒿属 *Incarvillea sinensis*

形态特征

　　一年生草本，茎直立，高 15～85 厘米，有条纹，有细毛。分枝的叶互生，主茎下部叶对生；叶 2～3 回羽状全裂或深裂，羽片 4～7 对，最终裂片条形或条状披针形，叶缘有短毛，叶柄长达 3 厘米。花红色，总状花序顶生，有多朵花，花梗短，密生短毛，有 1 苞片 2 小苞片，萼钟状 5 裂，被毛；花冠二唇形，内侧有时有黄斑点；雄蕊 4，2 长 2 短；雌蕊生于扁平花托上，密生腺毛，柱头扁圆形。蒴果长角状，略弯曲，先端细尖。种子多数，褐色，有白膜质翅。花期 5～8 月，果期 4～9 月。

　　角蒿这种草本植物是野生的。初见之，我摸不着头脑，连它所属的科都猜不出。因为它的叶片 2～3 回羽状深裂，羽片有 4～7 对，那样子极像艾蒿之类，但没有艾蒿的气味。开花时，几朵花组成顶生总状花序；关键是看花朵形态结构，红色的花冠呈二唇形，像是唇形科植物，而且雄蕊 4 根，2 长 2 短也像唇形科特点。可是它的叶不对生，肯定非唇形科。那么是不是玄参科植物呢？其果虽为蒴果，却呈长角状弯曲，这一点又不像玄参科！而且它的胎座为侧膜胎座，也非玄参科特点，种子有翅，也不像玄参科种子。

　　拿角蒿的花、果与紫葳科的凌霄对比，二者有相似处，即花冠唇形，雄蕊 4，2 长 2 短，雌蕊子房 2 室，基部有花盘，再看果实，均为蒴果，较长，种子有翅。二者较相近，因此角蒿应为紫葳科植物，而非玄参科，更不属于唇形科。

　　角蒿开花时，花朵较大，红色，很美丽，是有观赏价值的草花，目前仍是野生状态。

　　北京多见，长在路边、荒地、河边及田地中。

灌 木 类

一品红 Poinsettia

原产于南美洲墨西哥，我国早已引种栽培

大戟科 大戟属 *Euphorbia pulcherrima*

形态特征

　　灌木，高达 1.1 米，无毛，有乳汁。叶有柄，无托叶，叶片卵形至条状披针形，长 7～15 厘米，宽 2～8 厘米，先端渐尖，基部楔形，全缘或波状浅裂，下部有柔毛，上部叶较窄，全缘，开花时全为红色。杯状聚伞花序多数，生枝端；总苞坛状，绿色，边缘齿状裂，常有一黄色大腺体，呈杯状，无花瓣状附属物；雄花有 1 雄蕊，花梗与花丝间有一关节；雌花单生于杯状花苞中央，子房柄外伸，子房 3 室，无毛，每室 1 胚珠，花柱 3，顶端 2 深裂。蒴果，开裂为 3 个 2 裂的分果瓣，种子小，有种阜。在温室作盆景，常在冬季开花。

　　一品红这种花木与众花不同，它的茎上部接近花之处的叶呈鲜红色，不了解情况的人总以为那是花瓣！因为叶片鲜红，一品红的观赏价值大升，欧美国家称它是"圣诞花"，当地人推想它是耶稣诞生地伯利恒城射出的星光，是幸福的花。基督教徒视它为神圣之花，认为一品红是耶稣为挽救人世之苦，被钉于十字架上，他的血浇灌了圣诞花，使它开出鲜红的花来。传说归传说，但一品红确实能给人们莫大的惊喜。

　　除圣诞花（茎上部叶变红时，正值圣诞节）外，一品红的别名还有"象牙红""向阳红""猩猩木""老来娇"等。一品红为短日照花卉，利用此特点可以让它早出红叶。为满足国庆节叶变红的需求，人们会在 8 月上旬，每日早 8 时至下午 5 时，使一品红受光照达 9 小时，其他时间全让它处在黑暗中。当气温在 25～30℃时，50 天可使一品红苞叶（即叶）变红，且极鲜艳，如果遮光不严，则不能成功。

　　北京多见，不能室外过冬，为温室盆景，供观赏之用。

枸骨 Horny Holly

主要分布在我国长江以南地区
冬青科 冬青属 *Ilex cornuta*

汪老师认植物

形态特征

　　常绿灌木或小乔木。叶厚革质，四角形或椭圆形，有宽三角形硬针刺，有时心形，全缘，长4~7厘米，宽2~4厘米，先端尖硬刺状或渐尖，基部截形或圆形，有2~5对针状尖齿，叶表面中脉稍凹陷，侧脉不明显，叶柄短。花绿黄白色，4基数，簇生在二年生枝上叶腋；雄花有小苞片，萼片小，宽三角形，花冠直径约7毫米，雄蕊约等长于花瓣，长约3.5毫米；雌花有退化雄蕊，花柱短，柱头盘状。核果球形，径8~10毫米，红色，浆果状，有4个分核，先端尖，表面有皱纹和洼点，近两端有小沟。花期4~5月，果期8~9月。

　　枸骨是一种灌木或小乔木。我记得年幼时在家乡见过枸骨，它的叶边缘有硬刺，人不敢近，一不小心就会将手指扎出血来。但它的果实却吸引人，果子虽小，直径不过1厘米，却红艳得可爱。

　　在长江以南广大地区，枸骨分布广，在北京，我记得只在温室见过，山区没有野生的。

由于叶有刺，叶形特殊，加上果子鲜红，宜在北京栽培作观赏花木。

　　枸骨又叫鸟不宿，可能由于枸骨叶刺多，鸟都不敢来栖宿之故。枸骨是灌木，能在适宜条件下长成乔木，如同酸枣为灌木，也可长成乔木一样。枸骨是南方植物，适应性强，在河南郑州也能露天过冬，对土壤要求也不严。

鬼箭锦鸡儿 Chost-arrow Peashrub

分布在我国河北、山西、陕西和四川

豆科 锦鸡儿属　*Caragana jubata*

形态特征

　　灌木，高1~2米，基部分枝，枝皮黑色。有托叶，叶轴硬化成刺，长5~7厘米；羽状复叶，聚生于枝上部，小叶4~6对，长椭圆形或条状椭圆形，长7~25毫米，宽2~7毫米，先端有短尖，基部近圆形或宽楔形，两面疏生柔毛。花单生，长达3.5厘米，有短梗，基部有关节，萼筒钟形，有柔毛，花冠淡红色或近白色；两体雄蕊，子房有柔毛。荚果长椭圆柱形，长达3厘米，密生丝状柔毛。花期5~6月，果期7~8月。

　　在北京最高峰东灵山，快到峰顶（2303米）的一个山坡上，你得小心，别被鬼箭锦鸡儿的刺扎着了。这种植物浑身长满硬刺，从它身边经过要特别小心。上峰顶必经这个山坡，这坡上，鬼箭锦鸡儿很多，这是一种灌木，树皮黑色，身上的硬刺是托叶和叶轴变硬形成的。奇怪的是，它只长在近山顶的山坡上，也有少数上了山顶，但往下却不见。

　　人们猜想鬼箭锦鸡儿的刺有防身作用，因为无刺的容易遭动物啃食。它的花单生，淡红或近白色，十分显眼、好看。

近缘种

红花锦鸡儿（金雀儿） *Caragana rosea*
Red Peashrub　分布在我国东北、华北、西北和华东等地

北京共有 8 种锦鸡儿，除鬼箭锦鸡儿外，其他 7 种中，红花锦鸡儿也很常见。这是一种直立灌木；高达 1 米，小枝有棱，长枝的托叶硬化成刺，短枝托叶脱落，叶轴脱落或变态成刺，小叶 4 片，假掌状排列，即 2 对小叶之间有距离，复叶形似掌，实为羽状，小叶椭圆倒卵形，先端有刺尖；花单生，有花梗，中部有关节，萼齿三角形，有刺尖，花冠黄色或淡红色，子房无毛；荚果，圆柱形，长约 6 厘米，无毛；花期 4~5 月，果期 6~8 月。花美丽，金黄带红。

锦鸡儿 China Peashrub

Caragana sinica
分布在我国河北至南方多省

　　与红花锦鸡儿的不同之处为：本种有 4 片小叶，羽状排列，即 2 对小叶之间有距离，且上部一对较大，倒卵形至长圆倒卵形，先端圆或稍凹，有小尖头；花单生，花梗中部有关节，黄色带红；荚果褐色，长 3～3.5 厘米，无毛；花期 4～5 月，果期 6～7 月。

　　花美丽，有观赏价值。

紫荆 Redbud

分布在我国华北、华东、中南和西南地区，及辽宁、陕西、甘肃

豆科 紫荆属 *Cercis chinensis*

形态特征

灌木或乔木。叶互生，近圆形，长6~15厘米，先端急尖，基部浅心形或圆形，全缘，无毛，叶柄长3~5厘米，托叶早落。花先叶开放，5~10朵，簇生状，生于老枝干上，紫红色，长约1.8厘米，有细梗，长达1.5厘米，小苞片2，宽卵形，长约2.5毫米；假蝶形花冠，上方旗瓣1，小，翼瓣2，稍大，包在旗瓣外，龙骨瓣2，更大，包在翼瓣外；雄蕊10，花丝离生，子房有柄，胚珠多个。荚果扁平、条形，长达5~17厘米，宽1.3~1.5厘米，沿腹缝线有狭翅。种子2~4，扁圆形，长约4毫米。花期4月，果期8~9月。

紫荆花开时，一大特点是它的花长在老枝干上，而且上上下下都生花，一根枝条像挂了彩似的。这种特性，在其他花中少见。紫荆开花时，尚未出叶，有"茎干生花"的说法。北京的公园、庭院，北京大学校园都有紫荆，是春天名花之一，每朵花像豆花一样新奇。

在《续齐谐记》中有这么一个关于紫荆的故事：汉代，今陕西关中有一田姓人家，兄弟三人分家时，将家中财产平均分为三份。

但庭园中有一株紫荆花，怎么分呢？三人商定，砍成三份，每人取一份。哪知第二天，紫荆的枝叶却枯萎了。三人惊呆了，大兄想了一下，说，紫荆树知道我们要分家了，悲伤而死，我们还不如花啊。三兄弟深受感动，决定不分家了。不久那棵紫荆又活了。三兄弟高兴，从此以后团结互助，日子反而过得更好。于是紫荆成了家庭和美的象征，后世亦称紫荆花为"兄弟花"，紫荆树为"乡情树"。

近缘种

洋紫荆 Red Bauhinia、Hongkong Orchid-tree *Bauhinia variegata*

　　为香港区花，与紫荆同属于豆科，但不同属。洋紫荆是羊蹄甲属成员，又名红花羊蹄甲，其花朵大，红色，美丽，叶2裂，似羊蹄甲。

罗布麻 Dogbane、India Hemp

分布在我国东北、华北、西北和华东

夹竹桃科 罗布麻属 *Apocynum venetum*

汪老师认植物

形态特征

多年生草本或亚灌木。高1~2米，有白色乳汁、茎直立，分枝多。叶对生，无毛，长椭圆形、长圆披针形、卵状披针形，长1~5厘米，宽4~15毫米，先端急尖或钝头，基部楔形或圆形，叶柄短，长仅3~5毫米，叶柄间有腺体。聚伞花序顶生，苞片披针形，长4毫米；萼5深裂，裂片披针形、卵状披针形，长仅2毫米；花冠钟状、筒状，长6毫米，裂片5，比筒部短，粉红色；雄蕊5，生花冠筒基部，与花冠附属物互生；心皮2，离生，胚珠多数。蓇葖果双生，下垂，呈长角状，长15~20厘米，径3~4毫米，种子有毛。花期6~7月，果期7~8月。

罗布麻又叫草夹竹桃或茶叶花。在20世纪80年代，燕园西部西门南侧一带，还是野地，我曾见有成片的罗布麻。开花时，粉红一片，为一美丽之景。后来那里要盖房子，经过一番折腾，罗布麻"走"了，几乎一棵也没了。到今天，我只在一个僻处见到几棵小苗，苟延残喘活了下来，真是太不容易了。

罗布麻的叶子狭长像夹竹桃，花粉红色似茶花，所以两个别名颇有道理。我的总体印象是，罗布麻的外貌，无论叶和花都漂亮，它的茎还含纤维，故又叫罗布麻。真是个特殊种，但愿它能在燕园发展起来！

北京郊区多见，如卢沟桥沙地、颐和园、西苑、北安河一带，多生于盐碱地，沙子地。本种韧皮纤维强，作造纸或纺织原料均宜。

木芙蓉

原产于我国南部，北京有栽培

Cottonrose Hibiscus、Changeable Rose　锦葵科 木槿属　*Hibiscus mutabilis*

形态特征

落叶灌木或小乔木，高2~5米，茎上有星状毛。叶卵圆心形，5~7裂，直径10~15厘米，裂片三角形，有钝齿，两面有星状毛，叶柄长5~20厘米。花单生于枝端、叶腋，花梗长5~8厘米，小苞片8，条形；萼钝形，长达3厘米，5裂，花冠有5花瓣，白色或淡红色，后变深红色，直径达8厘米；雄蕊多数，结合成单体，花柱5裂，柱头头状，子房5室，每室数胚珠。蒴果扁球形，有毛。花期7~9月。

我曾在江西庐山见过水边的木芙蓉树，高约3~5米，叶掌状裂，花红色，颇大。秋天开花，花很耀眼，又在水边，花与水面相照，意境非凡。这在北方不易见到。宋代王安石曾作诗咏木芙蓉，突出了它与水的关系："水边无数木芙蓉，露染胭脂色未浓。正似美人初醉著，强抬青镜欲妆慵。"花与水互衬，显出花的美，因此有了一个名词"照水芙蓉"。

木芙蓉的另一特点是不怕霜冻，因此又名"拒霜花"。有诗云："谁怜冷落清秋后，能把柔枝独拒霜"。其实木芙蓉不只适合在水边生长，在陆地也无不宜。你知道吗？四川省会成都市又被称作蓉城或锦城，其市花就是木芙蓉。远在一千多年前的五代，成都就与木芙蓉结缘了，蜀后主孟昶在成都城遍植木芙蓉，花盛开时，美如锦绣，所以成都被称为芙蓉城。

常生于河沟边，花、叶及根皮入药，其花浸麻油为芙蓉花油，可治烧伤，其叶可止血。

木芙蓉有时被人简称为"芙蓉"，这样容易与真正的芙蓉混淆。真正的芙蓉是指荷花（莲花），为水生草本，属于莲科莲属。二者形态大异，切勿混淆。

木槿 Hibiscus

原产于我国中部地区
锦葵科 木槿属 *Hibiscus syriacus*

汪老师认植物

形态特征

　　落叶灌木或小乔木，高达 6 米。叶卵形或菱状卵形，长达 10 厘米，有 3 主脉，常 3 裂，叶柄长 1～2 厘米。花单生，紫色、红色或白色，有时重瓣，径 6～10 厘米，有副萼片 6～7，条形，萼有不等的条状裂；雄蕊合生成单体。蒴果长圆形，有毛。花果期（6）7～9 月。

　　木槿与其近缘种木芙蓉、扶桑，都开漂亮的花，各有特色，被称为"三姊妹花"。木槿花以紫色、粉红色和白花为多，木芙蓉则以鲜红色耀眼，扶桑的花也以红色为美，这 3 种均原产于我国南部和中部。北京大学校园里有多株木槿，我的居住地中关园内也有木槿，都是开紫色花。另两种在北京多作盆景。

　　我的家乡在湖南省东北角，那里的木槿多开白花。我至今还记得少年时，夏天，母亲从园中采了几朵白色木槿花，摘下花瓣，用水洗干净，再切几刀，然后放入鸡蛋，搅拌均匀。往铁锅里放油，待油开了，倒进鸡蛋和木槿花的混合物，搅拌几下，放点盐和佐料，就及时上盘。这道菜就叫"木槿花炒鸡蛋"，趁热吃那味道真不错。我之后来到北京，几十年再未吃过此菜了，但昔日的风味仍记得清。

　　北京多栽培，能露地过冬，主供园林观赏。

逸 闻 趣 事

　　韩国的国花为木槿，这是一种木本植物。花期长，在春天开放，而在夏末秋初独自开，直至秋末，持续 4 个月之久。韩国人民喜欢这种花期长、又美又大的花，它好像开不完一样，被赞为"无穷花"。

　　木槿的花期长是指一个植株上花朵多，陆续开放，使得整一株的花期看起来长。单就一朵花来说，开花时间其实很短，常常是早上开花，到下午黄昏就闭合了。因此又名"朝开暮落花"。

　　早在几千年前，我国人民就懂得欣赏木槿的花，《诗经·郑风》中有一节叫"有女同车"，写道："有女同车，颜如舜华。有女同车，颜如舜英？"其中"舜华"和"舜英"，均指木槿的花。那时已将漂亮的女子比作木槿花了，可见当时人们认为木槿花很美。

米仔兰 Maizailan、Chu-lan Tree

原产于亚洲南部，热带地区多见，我国以广东、广西、云南、四川为主产地

棟科 米仔兰属 *Aglaia odorata*

汪老师认植物

形态特征

　　常绿灌木或小乔木，分枝多。奇数羽状复叶互生，叶轴有狭翅，小叶3~5对生，倒卵形至长椭圆形，长2~7厘米，宽达3.5厘米，先端钝，基部楔形，两面无毛，边缘全缘，叶脉明显。圆锥花序腋生，花小而多，黄色，有浓香似兰香；萼5裂，裂片圆形；花瓣5，长圆形或近圆形，长于萼；雄蕊的花丝合生成筒状，较花瓣短，花药5~6，生雄蕊管内侧顶部下方；子房小，卵形，有黄色粗密毛，1~2室，每室1~2胚珠。浆果，卵形或球形，有星状鳞片，果皮革质，种子有肉质假种皮，无胚乳。花期7~8月，它可四季开花。

　　许多植物名中有"兰"字，但非兰花，米兰就是其中一种。米兰又叫米仔兰，为常绿灌木或小乔木，分枝多。这植物开花时，花小，极多，像小米，香气特别浓郁，香似兰花，故称米兰。我在广州见过露天的米兰，在北京仅见盆景，因气候关系，不能露天过冬。这花香得纯粹。对花的评价，色与香最为重要，色漂亮，香虽不出众，或色平平，但香气出众，都让人们对此重视。

　　北京常见盆栽。主要作观赏植物，但香气浓郁占有重要地位。

逸闻趣事

　　传说晋代有个富人叫石崇。为了耀富，用三斛珍珠买美女"绿珠"做妾。后来赵王司马伦的党徒孙秀，来向富人石崇要绿珠，珠不从，跳楼自杀。

　　清代诗人纳兰性德特喜欢米兰花，他为此曾作《鱼子兰》诗："石家金谷里，三斛买名姬。绿比琅玕嫩，圆应木难移。若兰芳竞体，当暑粟生肌。身向楼前坠，遗香泪满枝。"读此诗可知诗中将美人绿珠与米兰花相比，是借美人来赞美米兰花，十分有趣。

海州常山（臭梧桐、后庭花）

Harlequin Glorybower

分布于我国华北、辽宁、陕西、甘肃、中南和西南地区

马鞭草科 大青属 *Clerodendrum trichotomum*

形态特征

　　落叶灌木或小乔木，高 1.5～10 米。老枝有皮孔，茎髓白色，有薄片状横隔。叶较大，卵状椭圆形或三角状卵形，长 5～16 厘米，宽 2～13 厘米，先端渐尖，基部宽楔形至截形，正面深绿色，背面色淡，幼时两面有白绒毛，侧脉 3～5 对，全缘，有时有波状齿，叶柄长 2～8 厘米。伞房状聚伞花序顶生或腋生，苞片叶状，椭圆形，早落；花萼初绿色后成紫红色，有 5 深裂，裂片三角披针形或卵形，端尖；花有香气，花冠合瓣，唇形，白色或带粉红色，端 5 裂，裂片长椭圆形；雄蕊 4，花丝与花柱同伸出花冠外很高，柱头 2 裂。核果近球形，生于扩大的萼内，果熟时果皮露出，呈蓝紫色。花果期 4～11 月。

　　常山（*Dichroa febrifuga*）是虎耳草科植物，而海州常山属于马鞭草科，二者相差大矣。20 世纪 80 年代，北大校园栽了不少海州常山，我曾以为是常山或常山的近缘种，等到它开花时才知道错了。海州常山为观赏花木，有看点，开花时，花序多花，花朵也不小，花还会变色。在花蕾时，其花萼绿白色，没有几天就变成紫红色了。这时花就有浓香，花冠白带红色，也是有 5 裂，花的 4 雄蕊和花柱皆细长，远远伸出花冠之外，十分显眼。又过些日子，果子成熟了，圆球形包在萼内，但不从外皮露出，呈蓝紫色，发出光泽。它从花蕾出现到果实成熟，可历时 5 至 6 个月久，且香气浓郁，这花的特性，我第一次见到。

　　海州常山有个别名叫臭梧桐。为什么叫臭梧桐？可能有人认为海州常山开花时的气味太浓，但又不是一般的香气，而认为是"臭气"的缘故。我认为气味绝非臭气，只是太浓一点，有点刺鼻，不是一般的花香。

　　北京公园见有栽培。北大校园也有，在老化学楼西北角有一株较高大的植株年年开花。

近缘种

龙吐珠 Bleedingheart Glorybower

Clerodendrum thomsoniae

　　落叶攀缘状灌木，幼枝四棱形。与海州常山的花不同，本种花萼白色，花冠红色。北京各公园见栽培，美丽，开花时，红色花冠从白色萼中吐出，形状如龙吐珠，十分奇异有趣。

臭牡丹 Rose Glorybower

Clerodendrum bungei

　　与龙吐珠不同，本种的花排列紧密，花顶生，萼小，绿色，花冠玫瑰红色，叶边缘有锯齿，龙吐珠的叶全缘，花萼白色，花深红色。

槭叶铁线莲 Mapleleaf Clematis　　毛茛科 铁线莲属　*Clematis acerifolia*

形态特征

灌木。高 40~60 厘米，无毛。单叶，对生叶片五角形，长 3~7.5 厘米，宽 3.5~8 厘米，基部浅心形，常不等掌状 5 浅裂，中裂片近卵形，侧裂片近三角形，边缘疏生缺刻状牙齿，叶柄长 2~5 厘米。花 2~4 朵成簇生，有长花梗，长达 10 厘米；花较大，直径可达 5 厘米；萼片 6，开展，白色或带粉红色，狭倒卵形至椭圆形，长 2.5 厘米，无毛；雄蕊多数，远短于萼，无毛；子房有柔毛。花期 4 月。

槭叶铁线莲生长环境特殊而狭窄，少见。在 20 世纪五六十年代，只在门头沟区的公路边一处石山上见过。由于山石较高陡，只能站在公路上远远望见，后来当然还采过标本，当时对此种感到新奇。它的叶子不似复叶，而像槭树的单叶，呈掌状深裂或浅裂。它也不高，为小灌木状，花白色、较大，却也吸引人。当地老百姓叫它为"岩花"，意思是它只生长在岩石上，不多见。

本种在北京分布于门头沟区军庄至斋堂的公路边山石上，也见于东灵山、百花山和房山区上方山一斗泉附近。常生在山的陡壁上或土坡上。

近缘种

黄花铁线莲 Intricate Clematis

草质藤本，几无毛。叶呈灰绿色，2 回羽状复叶，长 15 厘米，羽片 2 对，有长柄，小

Clematis intricata

分布在我国东北、华北、西北地区

叶披针形至狭卵形，长 1~2.5 厘米，宽 0.5~1.5 厘米，不分裂，或下部有 1~2 小裂片，边缘有疏齿或全缘。花单生或 3 朵成聚伞花序，花梗细长达 3 厘米；萼钟形，淡黄色，萼片 4，狭卵形或长圆形，先端尖，长 1.2~2 厘米，宽 4~6 毫米，无毛，偶内面有极稀毛，外面仅边缘有短绒毛；雄蕊多数，花丝有短柔毛。瘦果扁卵形，长仅 2.5 毫米，花柱宿存，羽毛状，长约 5 厘米。花期 6~7 月，果期 8~9 月。

叶灰绿色，2 回羽状复叶，有羽片 2 对，具细长柄，小叶披针形，花萼黄色、钟形、无毛，这些都是本种的标志性特征。

芹叶铁线莲 Longplume Clematis

草质藤本。叶为 2~3 回羽状复叶或羽状裂，叶柄长达 2 厘米，末回裂片狭条形，宽 0.5~2 毫米，先端渐尖或钝圆，小叶柄长 0.5~1 厘米，边缘有时有翅，小叶间隔

Clematis aethusifolia

分布在我国华北、西北地区

1.5~3.5 厘米。聚伞花序腋生，有 1~3 花；苞片羽状细裂，萼钟状，下垂，直径 1~1.5 厘米；萼片 4，淡黄色，卵状长圆形，长约 2 厘米，几无毛，边缘有密绒毛；雄蕊多数，长为萼之半，花丝有毛；心皮多数，离生。果序有短柔毛，瘦果扁平，棕红色，花柱宿存，长 2~2.5 厘米，密生白色柔毛。花期 7~8 月。

2~3 回羽状裂片，细如线，凭此能很好认识它，别的种叶子都较宽。花也不小，直径有 1.5 厘米或过之，也无花瓣，只有 4 个萼片，淡黄色，由于叶裂片特窄细，因此花特显眼，有极高观赏价值。

本种花黄色，叶细裂，形态特殊，可作观赏植物栽种，但有毒性，宜注意。

大叶铁线莲叶 Tube Clematis

多年生草本，高达1米，有短毛，3出复叶，叶柄长45～100厘米。中央小叶有长柄，

Clematis heracleifolia

分布在我国东北、华北、西北、华东、中南地区

叶片宽卵或近圆形，边缘有不整齐粗锯齿，齿端有短尖头，长6～10厘米，宽3～9厘米，侧生小叶几无柄。花序顶生或腋生，排为2～3轮，花梗密生灰白色毛，杂性，雄花与两性花异株；花梗长达2厘米，萼管状，长约1.5厘米，萼片4，蓝色，上部外弯曲，外生白短柔毛；雄蕊多数，有短毛，心皮多数，离生。瘦果卵圆形，扁长4毫米，有羽毛状花柱。花期7～8月。

本种的叶比其他种的叶都大，且大很多，是3出复叶。花则是杂性，雄花与两性花异株。花朵有4个萼片，上部外弯，蓝色，外面有白色短柔毛。花梗细瘦，果扁形，有羽毛状花柱。

棉团铁线莲 Sixpetal Clematis

直立草本，高40厘米至1米以上。叶对生，1～2回羽状全裂，有叶柄，长0.5～3.5厘米，有疏长毛，裂片基部2～3裂，条状披针形，长椭圆状披针形或椭圆形，长1.5～10厘米，宽0.1～2厘米，先端锐尖，有时钝，全缘。聚伞花序顶

Clematis hexapetala

分布在我国东北、华北、华东和西北地区

生、腋生，常有3花；苞片条状披针形，花直径2.5～5厘米；萼片6个，白色，狭倒卵形，长1～2.5厘米，外面密生棉毛；无花瓣，雄蕊多数，无毛；心皮多数，离生。瘦果倒卵形，有柔毛，花柱宿存，长2.2厘米，羽毛状。花期6～8月。

棉团铁线莲花在北京各郊区山地多见，是一种直立草本，高可达1米以上，叶对生，1～2回羽状全裂，花顶生。它的花虽漂亮，却没有花瓣，全是萼片像花瓣样的迷糊人。花序通常有3花，花径达5厘米，有6个萼片，开展，白色，狭倒卵形。初看上去，以为那白色的就是花瓣，可仔细一查无花瓣。萼外密生棉毛。在北京金山，棉团铁线莲开花时，白色，花过又是一团白色绵毛，因此它的名字叫棉团铁线莲恰如其分。

含笑花
Figo Michelia、Banana Shrub

分布在我国华南各省区，广东、福建、长江流域广泛栽培

木兰科 含笑属 *Michelia figo*

形态特征

　　常绿灌木，分枝密；叶革质，长椭圆形或倒卵状椭圆形，长4～10厘米，先端渐尖，基部楔形，正面无毛，背面沿中脉有柔毛，叶柄短，托叶痕伸至叶柄顶端；花单生叶腋，径约12毫米，有芳香，花被6片，淡黄色，边缘带红色或紫褐色，长椭圆形，长达2厘米，宽约1厘米；雄蕊药隔顶急尖，雌蕊多数，无毛，超出雄蕊，雌蕊柄长6毫米，有黄色短柔毛；聚合蓇葖果长2～2.5厘米，蓇葖果卵球形或球形，先端有喙；花期3～4月。

　　"含笑"这个名起得恰到好处，它指含笑的花开时，并不完全张开，而是欲开又止，只开一半，好像人要笑却又不出声的含蓄样子。有诗云："花开不张口，含羞又低头。拟似玉人笑，深情暗自流。"这就将含笑花的半开微开，好似点头莞尔、娇羞欲笑的神态形象地表现出来。有人据此认为含笑花为南方草木之首，话虽有点夸张，但也不无道理。宋代诗人杨万里描写含笑的芳香十分到位，他有两句诗可说明这点："只有此花偷不得，无人知处自然香。"此诗让我们似乎真的闻到了含笑的芳香，真是入神之作。

　　我未见过野外的含笑花，更没见到野生含笑开花时的风姿。在北方，我只在温室里见过含笑花开花时的姿态。花带点黄色，从不大开，真如含笑样。含笑花为什么不彻底盛放，其科学道理有待科学家探究。

　　含笑花有多个别名，如香蕉花，这是由于它开花时散发出香蕉似的香气，另一个别名"含笑梅"，则指花形似梅花，另有寒霄、酥瓜花等俗称。

　　可与茶叶一起泡喝，清香爽口，像茉莉花茶一样。

连翘 Weeping Forsythia

原产于我国中部和北部

木樨科 连翘属 *Forsythia suspensa*

形态特征

　　蔓性落叶灌木，枝多弯弓向下，有时稍开展，小枝四棱，黄褐色，皮孔较多，同一枝上小叶对生，小叶卵形，有时三深裂或呈三小叶状，小叶端尖，基部宽楔形或近圆形，边缘有锐齿；花先叶开放，长约2.5厘米，萼裂片长椭圆形，长于花冠管，花冠黄色，内面有橘红色条纹，雄蕊2，生于花冠管基部，不外露，花柱长，柱头2裂；蒴果2室，室背开裂，种子多粒，果身长约2厘米，果柄长1~1.5厘米，花期3~4月，果期5~6月。

　　连翘花在春天先叶开放，一片金黄，由于它的枝条修长又呈弓形，不直伸向上，因此一丛连翘就是一大团，枝条上上下下都有花。与其他的花不同，连翘开花早，迎春已经绽放，连翘就赶上来了，迎春花形小，连翘花形大一些，一朵朵像个小酒杯或小铃铛。

　　在自然界，树木灌木还未出叶时，连翘可说是来闹春天了，在北大校园，我特有此感，校园随处可见连翘。出去走走——我刚从冬天的冷酷气氛中出来，见连翘花开正欢，精神为之一振，似乎活力来了，这要感谢连翘的启发！

　　"连翘"之名怎么来的？似难于理解，古来众说纷纭。我认为，主要是果实成熟后开裂成两瓣，每瓣上端向外弯翘，这是人们容易看到的模样，有助于解释俗名缘由。有人说，连翘的种子像雀舌，折之片片相比为翘样，因此得名。总之令人费解。

　　果皮可入药，银翘解毒丸的"翘"即表示此药含有连翘果皮成分；种子含油，可提取制香皂。

近缘种

金钟花 Goldenbell Flower

Forsythia viridissima
分布于我国中部地区

落叶灌木,枝条多直立,节间内有片状髓,小枝稍四棱,叶椭圆状长圆形至披针形,不裂,长5~12厘米,先端尖,基部楔形,近先端处有齿,叶柄长6~12毫米;花先叶开放,黄色,1~3朵簇生,萼裂片椭圆形,长约等于管部,裂片狭长圆形,雄蕊2,生于花冠基部,花柱细长,柱头2裂,子房2室;蒴果,开裂,卵圆形,先端喙状渐尖,长约1.5厘米;种子多粒,有翅;花期3~4月,果期5~6月。

看起来连翘和金钟花长得很像呢,怎么区分两者?

连翘枝条节间中空,叶较短,常为卵形,部分叶3裂或裂成3小叶状,但两侧裂片常不等大,萼裂片长5~7毫米,约与花冠管等长。金钟花枝条节间有片状髓,叶较厚,卵状披针形至长圆状披针形,不分裂,萼裂片长2.5~3.5毫米,比花冠管短。

如果过了花期,植株上仅有叶,则看连翘之叶一部分3裂、一部分不裂,叶片卵形,较短,且质地较薄;金钟花之叶较长,长圆状披针形,质地稍厚,不分裂。据此仍可区分两者。

迎春花 Winter Jasmine

分布在我国中部和北部地区
木樨科 素馨属 *Jasminum nudiflorum*

形态特征

　　落叶灌木，高 4~6 米，枝条细长，直立或弯曲，小枝呈四棱形，无毛，羽状 3 小叶，卵形或长椭圆状卵形，长 1~3 厘米，先端渐尖，基部宽楔形，边缘有细毛，叶柄长 5~10 毫米；花单生，小苞片绿色、较长，先叶开放，萼裂片 6，狭条形，绿色，与萼管等长或稍长，花冠黄色，裂片倒卵形，常 6 裂；花期 2~4 月。

　　春天天气还比较寒冷时，也就是北京 3 月中旬吧，但见墙根或小山坡下的迎春花就开了。开始只出一两朵或几朵，不到两三天，整个枝头上便出了好多花，迎春花真正迎春了。它先开花，花满枝头后，才慢慢出叶，因此它的花虽不大，也不艳丽，但仍能引起路人的注意。有的人还真停下来细看："它怎么这么早开啊？真的是迎接春天到来，赶在百花之前开放。"由于早春绽放的习性，迎春花收获了不小的名气。

　　由于迎春花和连翘都为落叶灌木，早春皆先叶开花，花均呈黄色，所以常被混淆，实际上二者明显不同。

　　迎春花枝条绿色、四棱形，叶为 3 小叶复叶，各小叶形状较整齐，花有 6 枚裂瓣，明黄色。连翘枝条棕黄色、不是绿色、非四棱形，有许多点状皮孔，单叶，有时生出 3 小叶，不太整齐，小叶大于迎春花的小叶，花黄色，较深，近橙黄色，有 4 枚裂瓣，较迎春花朵大一些。另外，迎春花在北京开花却不结果；连翘会开花也能结果，果为蒴果，2 裂。这样就能轻松区分二者了。

逸闻趣事

　　古来有文人作诗咏迎春花，如宋代人韩琦作《中书东厅迎春》。中书东厅为内阁办公的地方，韩琦为北宋大臣，河南安阳人。其有诗曰：

　　"覆阑纤弱绿条长，带雪冲寒折嫩黄。迎得春来非自足，百花千卉共芬芳。"

　　该诗描写了迎春花破雪开放，美丽又不畏严寒的品质，继而写迎春花并不满足于自己迎春，而是与百花一起以芳香献给春天，精神可嘉。

栀子 Cape Jasmine

原产于我国中部和南部地区

茜草科 栀子属 *Gardenia jasminoides*

形态特征

灌木，高1米多。单叶对生或3叶轮生，有短叶柄，叶片草质，椭圆倒卵形，变化较大，长5~14厘米，宽2~7厘米，先端渐尖，正面光亮，背面脉腋有短簇毛，托叶鞘状。花大，白色，有浓香，有短梗，单生枝顶；萼长2~3厘米，萼片5~7，条状披针形；花冠高脚碟状，筒部长3~4厘米，裂片6，倒卵形或倒披针形，伸展；雄蕊6，花药露出。果实黄色，卵状长椭圆形，长2~4厘米，有翅状棱，5~9条，1室。种子多，生于侧膜胎座。

在南方，我见到栀子花的机会多，野生的栽培的都有，在北方只偶见盆景，野生的没有。一直以来我都不知为什么叫栀子花，直到读花卉类的书时才知。据《本草纲目》记载："卮，酒器也。卮子象之，故名。俗作'栀'"。栀子花有好多别名，都不易解说清楚，如白蟾花、越桃、薝葡、黄栀子等等。据《艺文类聚》一书载："汉有栀茜园"，可知汉代早有人工栽种栀子花了，足见古人对此花的喜爱。大概在17、18世纪，栀子花被传入欧洲，19世纪传入美国，引起外国人的兴趣。

栀子花颇大，与众花不同的是，栀子花有6枚花瓣，白色。有人说"栀子花开白如银"，就是突出它开白色花的特点。栀子花有浓香，为我国著名的八大香花之一。其他七香为兰花、茉莉、桂花、白兰花、珠兰、代代花、玫瑰。香味佳，可以提香料，用花瓣调面粉后油煎味道好，其果实还可作黄色染料。

水枸子（多花枸子）Water Cotoneaster

分布在我国东北、华北，河南至西北，西南的四川、云南、西藏

蔷薇科 枸子属 *Cotoneaster multiflorus*

形态特征

常绿灌木，高1~2米，小枝有钩状皮刺，刺基部膨大，无毛；羽状复叶，小叶3~7，宽卵形、卵状长圆形，长2~6厘米，宽1~3厘米，边缘具粗锯齿，正面深绿色，有光泽，背面色较浅，两面无毛，叶柄疏生皮刺和腺毛，托叶大多与叶柄连生，边缘有羽状裂片和腺毛；花单生或数朵组成伞房状花序，花直径4~6厘米，稍有香气，花梗长2~4厘米，有腺毛，萼片5，先端尾尖，羽状裂，边缘有腺毛，花单瓣，常重瓣，有红、白、黄等色，花瓣5，倒卵形，先端外卷，花柱分离，雄蕊多数，长于花柱，子房1室1胚珠；蔷薇果卵圆形或梨形，红色，长达2厘米，径1.2厘米，萼片宿存；花期5~6月或全年，果期9月。

月季花是北京的市花之一，我们出门走走，居民区的围墙边，校园公园绿化带……几乎随处可见月季花园艺种。月季花有一大特点，就是四季开花，民间俗称"长春花"，又叫"月月红"，它习性坚强，易栽易活，花貌典雅，花色艳丽，芳香怡人，所以深得历代百姓喜爱，是大众的植物宠儿。诸多城市都争选月季为市花。

月季花原产于中国，约2000多年前，就有文字记载，汉代皇宫中多栽月季，唐宋时代，诗人雅士纷纷作诗吟咏月季，赞赏它花期长久，如苏东坡的《咏月季》："花开花落无间断，春来春去不相关。牡丹最贵惟春晚，芍药虽繁只夏初。惟有此花开不厌，一年长占四时春。"宋代杨万里的《月季花》："只道花无十日红，此花无日不春风"。

鸡树条 Sargent Arrowwood

分布在我国东北、华北、西北等省地

忍冬科 荚蒾属 *Viburnum opulus* var. *sargentii*

形态特征

　　落叶灌木，高 3 米，冬芽 2，有鳞片；叶对生，长圆卵形，长达 12 厘米，3 裂，掌状叶脉，裂片有不规则齿，茎上部叶为长圆披针形，叶柄基有 2 托叶，柄端有腺体；聚伞花序组成复伞形花序，花序边为不育花，白色，花冠 5 裂，较大，花序中央的花小而多；雄蕊 5；核果近球形，红色，核扁圆形；花期 5~6 月，果期 7~9 月。

　　如果你夏天去门头沟区的小龙门旅游，在海拔约 1200 米的地方，向西沟进去不远再向左拐，不远处就会见到一种小乔木，树上长着奇异的花，小花群排列成盘子状，周边的花白色、显眼，中间的花多却不显眼，十分像东陵八仙花。然而不是，它是一种荚蒾，名叫鸡树条荚蒾。花开过后，此树会结出许多艳红的像樱桃般的果实，很美丽悦目，而且可以吃，真是花果齐美的物种。我每次来这里，总是舍不得离开，总想着如果引种入公园，让广大游客欣赏它该多好！

　　可作优美的庭园绿化树种，果可生食也可入药。

> ## 逸闻趣事
>
> 　　古代琼花很有名，只在江苏扬州长得好。传说隋炀帝想看琼花，因而下令开凿运河，北宋仁宗将琼花移至汴京御花园栽种，结果活不成，只好送回去。南宋孝宗帝将琼花移栽至临安，也不成功，也送回扬州。后来，古琼花消失，今日扬州的"琼花"，其实是后人找一种名叫"聚八仙"，极似古琼花的花代替的。

近缘种

欧洲荚蒾 Pincushion Tree

Viburnum opulus

北京大学校园栽培了不少新的植物，有一种灌木叫欧洲荚蒾，形态极似鸡树条，叶片也3裂，对生，大小相似；花序也极相似，花序周边是白色的不育花，花冠5裂。我初以为是鸡树条。后来知是欧洲荚蒾。后者的雄蕊花药淡黄白色，前者的雄蕊花药淡蓝色。后又观察了几年，发现欧洲荚蒾的花谢后没结多少果实，而鸡树条的果实多，且为亮红色，漂亮，确实是两个有区别的种。欧洲荚蒾可能到我国后水土不服，不如鸡树条荚蒾好看。

绣球荚蒾（八仙花）Eight Immortals Flower

Viburnum macrocephalum
分布在山东、河南和长江以南多省，至广西和贵州

　　历史上，我国扬州有名的"琼花"就是绣球荚蒾，又叫八仙花。这是一种灌木，高4米，幼枝有星状毛，冬芽无鳞片；叶对生，卵形、椭圆形或卵状矩圆形，长5~8厘米，边缘有细齿，背面疏生星状毛，侧脉5~6对，花序直径10~12厘米，一级辐枝4~5条，有不育花，较大，白色，花冠辐状，5深裂，另有可育花，较小，雄蕊5，生于冠管近基部，稍长于花冠；核果椭圆形，长8毫米，初红色、后变黑色，核扁形，有浅槽。

金银木（金银忍冬）Amur Honeysuckle

分布在我国东北、华北、华中、中南和西南地区

忍冬科 忍冬属　*Lonicera maackii*

形态特征

　　落叶灌木，高可达5米，小枝中空；叶对生，叶片卵状椭圆形或卵状披针形，长5～8厘米，先端渐尖，两面脉上有毛；总花梗短于叶柄，有腺毛，两花相邻，萼筒分离不连合，花冠先为白色，不久变黄，长达2厘米，有香气，二唇形，筒部短于唇瓣；雄蕊5，短于花冠，子房下位，花柱细长，短于花冠，柱头头状；浆果近球形，熟时红色；花期5～8月，果期8～10月。

　　近20年来，有种叫金银木的灌木悄悄进京，在各大楼房外、街道和马路边绿地安了"家"，也进入公园。北京大学校园内也有不少，我有一次还在清华大学南门外大马路的南侧看见多株金银木，这几株与我在其他地方见的有差异，它们的叶片明显起了皱，但细看每株，几乎每片叶都如此，不像是病虫害造成的，它们的果熟后圆珠形，粒粒橘红色如珍珠，十分显眼。这些植株至少栽了十年八年，生长健壮，开花时先为白色，不久变成黄色，所以叫金银木。每花的花冠呈二唇形，有一唇是4个浅齿一排，另一唇为1齿。花后结实，过一段时间成熟了，果由绿色变成红色，花好看且多，果也好看，赏心悦目，金银木为北京城市绿化美化做出了贡献！金银木的红色果实，在叶落后，仍在枝上秀美到冬天。

　　著名观花观果植物。种子含油，可制肥皂。

近缘种

金花忍冬 Coralline Honeysuckle

　　落叶灌木，高约 2 米；叶对生，叶片菱状卵形至菱状披针形，长 4～10 厘米，顶端渐尖；总花梗长 1.2～3 厘米，长于叶柄，相邻两花基部微合生，有腺毛，花冠先白色后变黄，长 1.5～1.8 厘米，二唇形，花冠筒短于唇瓣 3/4；雄蕊 5，短于花冠，花柱短于花冠，子房下位；浆果熟时红色；花期 5～6 月，果期 7～8 月。

　　可作园林观赏植物。

六道木 Twin Flower Abelia

分布在我国东北、华北地区

忍冬科 六道木属 *Abelia biflora*

汪老师认植物

形态特征

灌木，高达 3 米，老枝干有明显的 6 道纵沟，无毛。叶对生，披针形或长圆形，正面有短柔毛，背面有毛或几无毛，脉上有毛，先端尖，基部楔形，边缘有缺刻状稀齿。二花成对生于侧枝顶，无总梗，花萼裂片 4，呈叶片状，花冠合瓣，筒状，长 1.5 厘米，内外有短柔毛，白色带淡红色，裂片 4，卵圆形；雄蕊 4，2 长 2 短，不外伸；子房 3 室，仅 1 室发育，1 胚珠。瘦果，弯曲，有柔毛。种子 1，圆筒状。花期 6~7 月，果期 8~9 月。

北京东灵山上有六道木，那些年我参加大学生野外植物实习，在小龙门附近山沟里一下就认出它了。它的标志性特征是茎干上有 6 条纵沟，沟不深，但十分明显，老百姓都这么叫，植物学家也这么认为，就定下了"六道木"这个固定、合适的中文名了。

六道木的花有意思，常常 2 朵成对生于侧枝顶端，花冠筒状，有 4 个裂片，果实弯曲，一看就知是六道木。当时我就想，这种植物有很好的观赏价值，应该移植到公园去。也是巧，近些年我发现北大校园的静园里出现这种植物了，增加了燕园的风景。

民间喜用六道木的枝干作拐杖，因为它十分坚韧，不易折断。

逸闻趣事

《杨家将演义》第 35 回，有个故事说，宋辽大战时，辽兵有"天门阵"，杨家将攻不破，据说要破天门阵，必须用降龙木作兵器的柄才成，杨六郎就派儿子杨宗保去找降龙木，没料到杨宗保去山寨竟与山寨女将穆桂英成了亲，又找到了降龙木，后来就大破天门阵，取得胜利。这"降龙木"实际就是"六道木"，传说归传说，它至少说明了六道木木材的坚韧这一特点。

瑞香 Fragrant Daphne

分布在我国南方多省
瑞香科 瑞香属　*Daphne odora*

形态特征

　　落叶灌木，高达1米，枝无毛。叶厚纸质，椭圆形或倒披针形。花5~10厘米，白色，芳香，多花组成头状花序，无总花梗；有苞片数枚，花被筒状，长约1厘米，无毛，裂片4，卵形；雄蕊8，排成2轮，分别生于花被筒上部及中部；花盘环状，子房长椭圆形，无毛。核果卵状椭圆形，红色。

　　瑞香这种花木香气浓，人们都很喜欢，据说庐山有个和尚，一天睡在一块大石板上，朦朦胧胧中闻到一股异香，醒来循香找去，找到了一种香花，就叫它睡香，人们认为这是祥瑞之兆，改叫它瑞香。这样从"睡香"改名为"瑞香"。

　　早在战国时期，我国民间就已知道瑞香。历史上文人作诗对其赞美有加，甚至称瑞香胜过梅花，是花坛第一花。宋代张敏叔作诗云："曾向庐山睡里闻，香风占断四时春，窃花莫扑枝头蝶，惊觉南窗梦里人。"诗中对瑞香之香特加赞赏。

牡丹 Subshrubby Peony、Moutan

原产于我国西北地区

芍药科 芍药属 *Paeonia suffruticosa*

汪老师认植物

形态特征

灌木。高2米，分枝短粗。叶2回3出复叶，长20~25厘米，顶生小叶宽卵形，长7~8厘米，宽5.5~7厘米，3裂达中部，正面绿色，无毛，侧生小叶狭卵形或长圆卵形，长4.5~6厘米，有不等的2~3浅裂或不裂，几无柄，叶柄长5~11厘米，无毛。花单生枝顶，花直径10~17厘米；萼片5，绿色，宽卵形，大小不等；花瓣5，多重瓣，红紫色、红色、粉红色、白色，顶端不规则波状；雄蕊多数，离生；花盘革质，杯状，紫红色，顶端有数个锐齿或裂片，完全包住心皮，在心皮熟时开裂，心皮5，离生，密生柔毛，柱头扁，向外反卷，胚珠多个。蓇葖果外有黄褐色硬毛，成熟时沿腹缝线开裂，种子多粒。花期5~6月。

牡丹花号称"国色天香"，如果选国花，恐怕大多数人首先想到的是牡丹。牡丹的品种真数不清，有人问牡丹有没有"王"，即牡丹王？这个"牡丹王"不是说花大、美艳就是王，而是指牡丹为灌木，高不过一二尺，有没有树状的牡丹？如果牡丹植株像树木一样高达两层楼，高赏牡丹花要上楼去赏，那这种高株牡丹就是牡丹王了！

今天到盛产牡丹的名胜地，如洛阳去看看，都看不到牡丹王。其他如曹州、天彭、亳州等地皆如此。牡丹皆为灌木状，没有乔木状，但据《曹州牡丹史话》介绍：明朝万历年间，山东菏泽（曹州）有个"毛花园"，主人毛景瑞亲手培育牡丹。花园中有一棵姚黄牡丹，树高过人头，开花七八十朵，一个个像金绣球。从这记载看，牡丹高过人头，至少也有1.6米，这比今天的牡丹高多了，堪称小乔木。上书"牡丹王"一节还说：民国那年，曹州有一棵长了150多年的牡丹树，叫"指红"。树高大，上枝长丈八，开花红似胭脂，人称"牡丹王"。牡丹王花开数百朵，似红霞一片，芳

香袭人。成人可在树下乘凉、休息，孩子们可爬到树上玩耍、捉迷藏。当时曹州镇守史陆朗斋亲见牡丹王，想买此花，因花农不肯而作罢。后来袁世凯要在北京当皇帝，陆朗斋想巴结他，便强行买了牡丹王进贡袁世凯。袁令陆将牡丹王送往河南安阳，栽在袁的公馆里。然而由于缺乏照顾，加上水土不服，牡丹王枯死了。牡丹王的原主人得知此消息后，十分痛

心，曾作诗：

"窃国大盗用小人，国遭灾难花不存。灌注心血百余载，枯花异乡刀剜心。"

如果上述情况属实，牡丹就真的出现过树状牡丹的"牡丹王"了。但今天却不见树状牡丹，园艺师们能否研究下，再现牡丹王的风采呢？

牡丹花朵硕大，色彩艳丽，人见人爱，被誉为"国花"或"花王"。原产于我国西北陕甘宁盆地和秦岭一带。据说2000年前，人们还未栽种牡丹，直到唐代，才渐栽牡丹，直至兴盛。牡丹被称"国色天香"也源于此时。到武则天时，又传说武帝下旨："明朝游上苑，火速报春知。花须连夜发，莫待晓风吹。"次日，众花都开放，只有牡丹未开。武帝大怒，下令贬牡丹去洛阳，于是长安牡丹全被迁走。此故事流传千年，人赞牡丹有刚强的"意志"。到了宋代"洛阳牡丹天下第一"。到明代，定都北京，西直门外有个极乐寺，移种大量牡丹。到了清代，有个亲王去该寺赏牡丹，十分感动，就弄了匾，匾上写"国花寺"三个大字，挂在极乐寺门上。以后，人们就叫牡丹为"国花"了。

今天传说牡丹盛处，不仅在洛阳；山东菏泽（昔称曹州）也有牡丹之乡的称号，说明那里牡丹也极多、极好。

著名观花花木；根皮称丹皮，入药，为镇痉药。

桃金娘 Rosemyrtle

分布在我国广东、广西、福建、云南
桃金娘科 桃金娘属 *Rhodomyrtus tomentosa*

汪老师认植物

形态特征

　　灌木，高达 2 米，幼枝有绒毛。叶对生，草质，椭圆形或倒卵形，长 3~6 厘米，宽 1.5~3 厘米，背面有短绒毛，离基三出脉，侧脉 7~8 对，叶柄短。聚伞花序腋生，有花 1~3 朵，花紫红色，径约 2 厘米；小苞片 2，卵形，萼筒钟状，长 5~6 毫米，裂片 5，圆形，花瓣 5，倒卵形，长约 1.5 厘米；雄蕊多数，子房下位。浆果卵形，3 室，径达 1~1.4 厘米，暗紫色，多汁，种子小而多。

　　我 15 岁时，随家人逃难到了桂林，在桂林东门外的瑶山一小山村落脚。瑶山的植物很多，春天有一种开紫红色花的灌木特别美，山上到处都有，秋天它的果实成熟了，有葡萄那么大，是一种浆果，熟时外皮紫色，有细毛，手捏一捏，软软的。当地老百姓管这果子叫"逃军粮"，意思是兵荒马乱之时，逃难入山可拿它当粮食。我那时小，就和哥哥、弟弟上山去采，边采边吃，味道还挺甜。只是把牙齿都染紫了，而且这果实的种子又小又多，咬起来有声响。那时由于好奇，也顾不得什么，一次就吃了好多，最后也没闹肚子。从此"逃军粮"一名就深深刻在了我脑海中，几十年了，我还记得上山采逃军粮吃的情景。那是 20 世纪 40 年代初期的事，抗战胜利后，我回到了家乡湖南，再也没见过自然生长的逃军粮。到北京上学后，从书本上得知那"逃军粮"其实是"桃金娘"的谐音，但我觉得"逃军粮"一名更切合实际。

从前,南方某地兵荒马乱,老百姓苦不堪言,只好逃入深山躲避。那时老百姓穷,粮食不足,有人发现山中一种灌木结了好多果子,由于肚子饿,试吃这果子,感觉不错,可以充饥。于是大家满山找,发现了好多这种果树,解决了肚子饿的问题,所以把这果子叫成"逃军粮"。久而久之,叫走样了,便成今天的"桃金娘"。

我国文学家许地山曾写过一篇散文《桃金娘》,故事情节动人,在此文前有个简短介绍,关于桃金娘植物的,兹摘录如下:

"桃金娘是一种常绿灌木,粤、闽山野很多,叶对生,夏天开淡红色的花,很好看。花后结圆形、像石榴的紫色果实。有一个别名,广东土话叫作'冈拈子',夏秋之间结子,像小石榴,色碧绛,汁紫,牧童常摘来吃,市上却很少见。"

叶子花 Great Bougainvillea

原产于巴西，我国引进栽培
紫茉莉科 叶子花属　*Bougainvillea spectabilis*

乌桕（木子树、蜡子树）China Tallowtree

分布在我国长江以南诸省，至广东、广西、福建、台湾及西南地区

大戟科 乌桕属 *Sapium sebiferum*

形态特征

　　乔木，高达15米。叶片菱形，菱状卵形，长3~9厘米，宽3~9厘米，有细长叶柄，长达5~6厘米，顶端有2腺体。花单性，雌雄同株，无花瓣，穗状花序顶生，长达12厘米，初始全出雄花，后于花序基部出几朵雌花；雄花小，萼杯状，3浅裂；雄蕊常为2个，偶出3个，雌花有梗，着生处两侧各有1腺体，萼3深裂，子房无毛，3室。蒴果梨状球形，径1~1.5厘米，种子近圆形，黑色，外有白蜡层。

　　北方没有乌桕，在长江流域以南地区，西南地区也不少。这种树木好认，叶片菱形或宽菱形，顶端有个小尾巴，太有特色了。花却不怎么美，像狗尾巴样的花序，长约10厘米左右，大多为细小的雄花，只在花序基部出几朵雌花。果实像梨状略呈球形，种子不大，外有白蜡层。

　　看乌桕之美要在秋天。秋风一起，不知怎的，那全树的叶子变得鲜红耀眼，这才真是一妙景！在北京秋天看香山的红叶，在南方，看乌桕的红叶，南北互相比美。只是南方的乌桕没有香山红叶集中而且量多，但乌桕叶红起来真美。我的南方家乡有乌桕树。树叶红时，留下了难忘的记忆。

　　乌桕又叫"蜡烛树"，其种子外的蜡层为制蜡烛原料，种子含油，榨油可制油漆。

逸 闻 趣 事

乌桕叶入秋变红，美丽，极宜观赏。宋陆游诗云："乌桕赤于枫，园林二月中"，又云："乌桕新添落叶红""乌桕犹争夕照红"都是赞乌桕叶红，美丽的。

我国民间习惯称红叶为枫叶。这个枫指枫香树，属金缕梅科大乔木，其叶入秋变红色。另外槭树科中一些槭树的叶入秋也变红色，因此常叫它枫树。这是常见的"枫"字代表不同科的树木。但你听说过吗？"枫"字有时指代大戟科的乌桕树，因为此树叶入秋也变红。但这个指代出现不多。唐代诗人张继有诗云："叶落乌啼霜满天，江枫渔火对愁眠；姑苏城外寒山寺，夜半钟声到客船。"诗中的枫到底指什么植物？

有人认为作者指的是枫树，即秋叶变红的金缕梅科的枫香树；有人认为作者实指的乌桕树，但他认错了，错将乌桕说成枫树。这就是只要是红叶，即认为是枫树的误解。在《重论文斋笔录》中专门讨论了上述的诗，认为"江南临水多植乌桕，秋叶饱霜，鲜红可爱，诗人类指如枫。不知枫生山中，性最恶湿，不能种之江畔也，此诗江枫二字亦未免误认耳。"

乌桕树的叶片当秋天来时会变化。这一变化过程贯穿整个秋天，乌桕叶从绿色变红之后，又会逐渐变成粉红、橙红、杏黄乃至近白色。有时一株树上会同时有赤、橙、黄、绿、青、白等色彩成为奇景。这是其他红叶树的叶子少见的。

形态特征

　　落叶灌木或小乔木，高可达 10 米，枝无毛。叶矩圆形至椭圆形，长 3～6 厘米，有钝尖，基部楔形或近圆楔形，边缘齿圆钝，几无毛，叶柄长 5～10 毫米，无毛。花多数下垂，伞形总状花序，花梗细长，长可达 4 厘米，无毛；萼片三角形，花冠宽钟状，长宽各约 1 厘米，呈肉红色。蒴果圆卵形，长近 5 毫米，弯曲向上。

　　说起灯笼花，似乎比较陌生，实际上灯笼花在安徽名山黄山有很多，我有一年目睹了它的风采。20 世纪 80 年代，我去黄山开会，去之前就从书上知道那里有灯笼花，很想实地看看，因此一上黄山，脑子里那个灯笼花的样子就时时浮现。我现在记不清小地名了，只记得到了天都峰下面一个山谷地带，放眼搜索一番，果然看见灯笼花了。那模样与我在书上见的一致，上去采几枝作标本，心情舒畅极了。但见花枝上长着一排排下垂的像小纱灯似的花，玲珑精致，我不禁感叹大自然造物的神功，真不虚黄山之行。

　　有意思的是，我当时所在的那个山谷，有一条后来新辟的去天都峰的山路，我从路开头向上一望，真吓人。因为那路不只狭窄，而且特陡，几乎像垂直线般上升。望着已走上去一半路的游人，好像在爬梯子一样，我犹豫着自己还上不上去？但看那路边还有灯笼花，一下子不怕了，边看花边慢慢爬吧。就这样，我小心翼翼地顺着山路爬，眼睛不敢向下看，只往前慢慢爬，穿过一石罅（仅容一人通过）后，豁然开朗，终于快到天都峰顶了。那灯笼花竟一路分布，特有意思，自觉上黄山认识了灯笼花是一大收获。

　　生于山地灌木林。

鸡蛋花 Frangipani

原产于美洲热带，我国引进栽培，喜热带气候，北方无分布

夹竹桃科 鸡蛋花属 *Plumeria rubra* 'Acutifolia'

形态特征

　　小乔木，高可达 5 米或以上；枝条肥厚肉质，含乳汁。叶互生，厚纸质，短椭圆形或矩圆状倒卵形，长 20～40 厘米，宽 7～11 厘米，多聚生于枝端。聚伞花序顶生，花萼 5 裂，花冠白色，花心黄色，裂片 5，狭倒卵形，一般向左覆盖，较花冠筒长；雄蕊 5，生于花冠筒基部。蓇葖果两个，叉开状，呈条状披针形，长 10～20 厘米，直径 1.5 厘米。种子矩圆形，扁平，顶端有膜质翅。

　　我第一次见到鸡蛋花，还是 60 多年前去广东南部工作时，看到农村田埂上栽有一行行鸡蛋花树。旁人告诉我，那是夹竹桃科植物，我看了很新鲜，因为它的树干、分枝较粗，光溜溜的，叶子较大。到了广州市，我才发现它的花朵也较大，奇特的是花白色、花心黄色，似鸡蛋黄那种颜色，我才觉得这名字起得不错。

　　到了 20 世纪 80 年代，我再一次去广州开会，又去到七星岩，那是旅游胜地，有不少鸡蛋花，在餐厅尝到了鸡蛋花茶，是用干制的鸡蛋花泡的。有意思的是，夹竹桃科有毒，但这鸡蛋花花朵却可以放心吃。

　　鲜花含芳香油，可调制化妆品或作香精原料。

　　鸡蛋花早在清代就传入我国，清代吴其濬所著《植物名实图考》中已记载该种，称其为"缅栀子"。外形上看，鸡蛋花是有点像栀子花，但二者属不同的科，栀子花属于茜草科。

枫香树 Sweetgum

分布在我国黄河以南广大地区，台湾也有

金缕梅科 枫香树属 *Liquidambar formosana*

形态特征

乔木，高可达 40 米。叶宽卵形，长 6~12 厘米，掌状 3 裂，边缘有锯齿，背面有柔毛或无毛，掌状叶脉 3~5，叶柄长达 11 厘米，托叶条形、红色，长 1~1.4 厘米早落。花单性，雌雄同株；雄花组成柔荑花序，无花被，雄蕊多数；雌花多数组成头状花序，直径约 1.5 厘米，无花瓣，萼齿 5，钻形，长约 8 毫米，花后加长，子房半下位、2 室，胚珠多数，花柱 2，长约 1 厘米。头状果序圆球形，直径 2.5~4.5 厘米，宿存的花柱和萼齿呈针刺状。

"停车坐爱枫林晚，霜叶红于二月花"，这句诗指的是长沙爱晚亭（在岳麓山）的枫树叶子入秋殷红美丽，红过二月的春花色彩。可见人们对红叶美感的喜爱，有时是胜过红花的。因为不是少数几片叶红色，而是好大一片，同种树木的叶红了，成了背景了，如北京香山的红叶。枫叶与香山红叶不同，它是枫树的叶，枫树与香山上的黄栌不同科。

我记忆少年时代，在南方家乡，也去过长沙岳麓山，见过许多枫树。枫树之干笔直、高耸入云，主干很粗，非黄栌可比。枫叶红时的确很漂亮，可惜由于气候条件关系，北方不能种枫树。不然在香山栽些枫树，则红叶种类增加，更增多样性的美丽。

香山红叶为近圆形全缘的叶片。枫叶是枫香树的叶，为宽卵形，有三裂的叶片。槭树科槭树属（*Acer*）中，有的种也叫枫，如三角枫（*A. buergerianum*）；又有茶条槭（*A. ginnala*）的别名也称"枫树"，应注意别混淆了。

枫香树有多个别名，如路路通，指的是果实，白胶香，指的是树脂。北京无此树，不能露天栽植。多生于平原或丘陵地带，低山也有发现。

珙桐 Dove Tree

分布在我国湖北西部、湖南、贵州、四川、云南北部

蓝果树科 珙桐属　*Davidia involucrata*

形态特征

　　乔木，高可达20米。树皮灰褐色，有不规则薄片脱落。叶互生，宽卵形，长9～15厘米，宽7～12厘米，先端渐尖，基部心形，边缘有粗锯齿，幼叶正面有柔毛，背面有淡黄色粗毛，叶柄长4～5厘米。头状花序，由多数雄花与一朵两性花组成；花序下有2大苞片，白色，苞片矩圆形或卵形，长7～15厘米，宽3～5厘米；雄花有雄蕊1～7，两性花子房下位，6～10室，有退化花被和雄蕊；花柱有6～10分枝。核果长卵形，长3～4厘米，紫绿色，有黄色斑点，种子3～5个。

　　我国产的珙桐树，其花形像白鸽，因此人们又叫它鸽子树，当全树开花时，犹如群鸽栖止于树上，煞是有趣。1964年春夏我去四川峨眉山采集植物标本，在钻天坡下看到了此树，尚有花，十分惊奇，却不知它的花有两个又大又白的苞片，还以为是大花的花瓣。经查阅，方知那白鸽树的花不是一朵大花，而是一个花序，由多数雄花和一朵两性花组成的顶生头状花序。花序下有两片白色大苞片，就是我们看见的像白鸽的两个翅膀的东西。苞片矩圆形或卵形长7～15厘米，宽3～5厘米。

　　珙桐是我国特有的珍稀濒危植物之一。分布地区狭窄，后来我去湖南张家界，在那里也看见了珙桐。查它的历史知道，在19世纪中

叶，是法国人大卫（David）在四川采集植物标本时发现的，因此其拉丁命名以他的名字作为珙桐属的属名 *Davidia*。1900 年，英国植物学家威尔逊来华考察，带走了珙桐的种子，回到英国在皇家植物园进行繁殖。从此珙桐闻名世界。

我国特产的珙桐早已传入欧洲多国，瑞士日内瓦街上栽了珙桐为行道树。欧洲一些国家公园庭院都栽了珙桐。人们欣赏珙桐的花奇特，称之为鸽子树。英国小孩看见珙桐花两大苞片像手绢，因此叫珙桐为"手绢树"。

20 世纪 80 年代，我国科学家在四川大凉山发现大片珙桐群落，多达 2 万多株，其中最大一株高近 20 米，胸径超过 1 米，估计其树龄在千年以上，真是一株"珙桐王"了。珙桐从前在世界分布广泛，后由于冰川的灾难，各地珙桐早已灭绝，只有我国西南地区保存了下来，成为"活化石"。成为今天一级保护植物。

生于山地森林，海拔多为 1800~2000 米。

白兰
Hyacinth Orinntal

原产于印度尼西亚的爪哇，我国引入栽培，以广东为多

木兰科 含笑属 *Michelia alba*

形态特征

　　常绿乔木，高可达 17 米，胸径达 30 厘米，树皮灰色，幼枝及芽有淡黄白色微毛。叶互生，叶片薄革质，长椭圆形、披针状椭圆形，长 10~26 厘米，宽 4~9.5 厘米，先端长渐尖或尾状渐尖，基部楔形，全缘，无毛或背面脉上略有微毛，叶柄长 1.5~2 厘米，托叶痕几达叶柄中部。花单生叶腋，白色，有浓香味，花被片 10 个以上，披针形，长 3~4 厘米，宽 3~5 毫米；雄蕊多数，离生，雄蕊群有长 4 毫米的柄；心皮多数，常常部分不发育，成熟时，随花托延伸成疏生穗状聚合蓇葖果，革质。花期 6~7 月间。

　　花木中许多中文名字另有别名，多为民间群众根据实际观察体会叫出来的。常常有同物异名，同名异物的现象，不足为奇。可以看拉丁学名而知之，因此本书植物都有拉丁学名，不会混淆，如白兰与白玉兰，有两个"字"一样，但它们同科不同属，更不同种，白兰与含笑同属不同种，望读者留意。

　　白兰一大特点是香气浓郁，群众喜欢。但它又与兰花那种香不同，我只记得广州人士多喜在白兰花开时，佩戴两朵花于衣襟上，则一身清香。走过之处，路人都感受到了文明之风由此而生，实在令人兴奋。

　　白兰在天暖、热之地才有，我到广州，亲切体会到这点。白兰，花白色，一种像要开却又不开的样子，人们第一喜欢它的香，不在乎花不展开。因此，白兰与含笑花为伍一点不奇怪。

　　芳香植物，香气特浓郁宜人，其花可提制浸膏、叶可蒸馏芳香油。

荷花玉兰 Lotus Magnolia

原产于北美洲东部，我国南方大城市，如上海、南京、广州可露天栽培

木兰科 木兰属 *Magnolia grandiflora*

形态特征

常绿乔木。高可达30米，芽和幼枝有锈色毛。叶厚革质，椭圆形或倒卵状椭圆形，长15~20厘米，宽4~10厘米，先端短尖或钝，基部宽楔形，全缘，正面深绿色，有光泽，背面有锈色绒毛；叶柄粗壮，长2厘米，有锈色绒毛，托叶与叶柄分离。花单生枝顶，状似荷花，大形，直径15~20厘米，白色，有芳香，花被片9，有时更多，可达15片，倒卵形，较厚，长7~8厘米；雄蕊的花丝紫色，心皮多数，密生长绒毛。聚合果圆柱形，长7~10厘米，有锈色密毛，蓇葖果有外弯的喙。花期4月，果期7~8月。

荷花玉兰又称"大花玉兰""广玉兰""洋玉兰"，是早年从美国进口来的种。与我国的玉兰、紫玉兰等同属木兰科木兰属，说明它们之间关系密切，是兄弟姊妹样的关系，也说明我国植物与北美植物的亲缘关系近，相似的例证还有很多，十分有趣。

荷花玉兰由于外来，自然不如我国本土生得多。而且它是常绿性质的，在北京大学校园仅见2株，室外栽培，可越冬，因为生长在房屋南面、屋檐下，四周又有树木遮挡，冬天还比较暖和。

荷花玉兰很有特色。它常绿，一年四季常青，叶子厚的像皮革，表面光亮，深绿色、椭圆形，长有约20厘米，全缘，背面布满锈色绒毛；花的样子像荷花，故得其名，花大小跟荷花差不多，直径约15~20厘米；有香气，聚合果外有锈色绒毛。

作为大观赏花木。北京因冬天寒冷，只有温室栽培者，夏天可移于室外观赏。

天女木兰（天女花）Siebold Magnolia

分布在我国辽宁至河北青龙，向南至安徽黄山

木兰科 木兰属 *Magnolia sieboldii*

形态特征

落叶灌木。高约 4~5 米，小枝紫褐色，各芽有柔毛。叶倒卵形、倒卵状长圆形，长 8~20 厘米，宽 4~12 厘米，先端急尖或渐尖，基部楔形，全缘，叶正面绿色，有疏毛，背面淡绿色，叶脉有柔毛，叶柄粗短，长 1~2 厘米；托叶膜质，有环状托叶痕。花单生枝顶，先叶后开花或与叶同放，花钟形，直径约 10 厘米，花被片 9，外层 3 为萼片，绿色披针形，长 2.5~3.5 厘米，早落；花瓣 6，外面紫色至紫红色，倒卵状，长圆形，长 8~10 厘米；雄蕊数多，花药长，花丝短，离生，雌蕊多数，离生。聚合蓇葖果圆柱形，长 7~10 厘米。花期 4 月中旬，果期 5~7 月。

紫玉兰花紫色与白玉兰形成对照。紫玉兰不如白玉兰高，因为紫玉兰为灌木，白玉兰为乔木。春天，紫玉兰开花时间略晚于白玉兰，相差约 10 天左右。紫玉兰在花蕾期时，花被明显长于白玉兰，很像写大字的毛笔，十分有趣。北大校园有多株紫玉兰。春天开花时，可供欣赏。

紫玉兰也称木兰，在花蕾时较小，待开放时变大，似毛笔，支支直挺如笔林，古代诗人见之惊叹："谁信花中原有笔，毫端方欲吐春霞。"唐代有人作《辛夷花》诗云："含锋新吐嫩红芽，势欲书空映早霞。应是玉皇曾掷笔，落来地上长成花。"诗中"含锋"指木兰花苞如笔锋，含锋状其形，"书空"指万里长空挥笔书写，后两句以天帝的御笔比喻木兰花。

桂花（木樨）
Sweet Osmanther

原产于我国西南地区，今长江以南广栽培，杭州、苏州、桂林、扬州、成都、南京、武汉、重庆、长沙尤多

木樨科 木樨属 *Osmanthus fragrans*

形态特征

　　常绿灌木或小乔木，高达10米；叶对生，革质，有短柄，边缘有锯齿，椭圆形或长圆披针形，长5～12厘米，宽2.5～5厘米，先端急尖或渐尖，基部楔形；聚伞花序，簇生于叶腋，花小，黄白色，长仅6毫米，有浓郁的芳香，花梗纤细，萼管有4齿，花冠4深裂，裂片长椭圆形；雄蕊2；核果长约1厘米，熟时黑紫色；花期9月，果期10月。

　　桂花花形虽小，色彩也不鲜艳，但它的芳香深得人们喜爱，为十大传统名花之一。记得20世纪80年代末，我去杭州西湖游玩，见到的桂花树实在太多，特别是岳王庙外不远处，桂花树多，正值花期，满树金黄色的桂花，由于花柄细弱，在微风中，花朵飘飘然晃动，煞是好看，空气中弥漫着桂花香也令人陶醉。

　　在杭州的满觉陇，桂花更多，据说采桂花时节，人们在树下铺上布，小伙爬上树去摇动枝子，桂花就纷纷落在布上，那花落的情景，被称为"桂花雨"，充满了诗情画意。

　　著名观赏花木，其香气尤受欢迎。可作环保花木，对二氧化硫、氟化氢有抗性，为绿化工矿地的优良花木。可用来浸酒、窨茶或做糕点的添加物。

逸闻趣事

　　传说月球上的广寒宫里有桂花树，树下一人叫吴刚，西河人，学仙有过，谪令伐树，树随砍随合。这是古人对大自然的奇思妙想。

　　"桂冠诗人"的桂与木樨科的桂花无关，而是指樟科的月桂，拉丁学名是 *Laurus nobilis*，英文名为 Laurel。古罗马人喜给人加冕，竞赛中获胜的诗人被人簇拥，并戴上用月桂编成的"桂冠"，以示荣耀。

女贞（青蜡树） Glossy Privet

主要分布在我国长江流域及南部省区，甘肃省南部也有

木樨科 女贞属 *Ligustrum lucidum*

形态特征

小乔木或乔木，高约 5~6 米，最高达 15 米。枝有皮孔，无毛，叶革质，卵形、宽卵形、椭圆形或卵状披针形，长 4~18 厘米，宽 3~4 厘米，光滑无毛。圆锥花序顶生于各分枝上，长 12~20 厘米，无毛，花小，几无花梗，花冠裂片 4，白色；雄蕊 2，与花冠裂片约等长。核果由绿色后变紫蓝色，长约 1 厘米。果实极多。

北大校园西南门内一宿舍楼南侧有 8 株女贞。可能由于宿舍楼挡住了北边来的冷风，树又栽在沟中，水分充足，沟南侧的马路南边有一排自行车棚挡住从南来的风；就这样一个面积不大的特殊环境，这些女贞生长得很好。没有多少年，已长成 5 米以上的树木了，且枝繁叶茂，叶色青青，有光泽，发亮。2015 年 7 月，满树洁白的花，花不大，但由于是顶生的圆锥花序，花多而集中，像白丁香花一样，极为耀眼。到了九十月份，果子出来了，都为绿色，每个花序结出的果子足有几十、上百粒，排列紧密，十分显眼，有较好的观赏价值。

女贞充当观赏树木，无论叶、花、果均称职。它是南方植物，到北京居然可以露地成活，不畏寒冷，为北京园林绿化做出了贡献。

多生于混交林中或山谷地带。用作庭园树或行道树。女贞成熟干燥的果实入药，首载于《神农本草经》，性味甘苦寒凉，能补肝益肾，乌须明目，治头发早白，视力减退；现代药理证明，女贞子有增强免疫的功能，具有强心利尿、疏肝、止咳的作用。

七叶树 China Buckeye

原产于我国华北地区
七叶树科 七叶树属 *Aesculus chinensis*

汪老师认植物

形态特征

　　落叶乔木，高达20米。掌状复叶，有长叶柄，小叶5～7，长椭圆形、长椭圆状卵形，长8～15厘米，先端渐尖，基部广楔形，边缘有细密锯齿，背面沿中脉有毛。圆锥花序枝顶生，连总梗长45厘米，无毛，花长1厘米，不整齐5裂；萼筒形，5浅裂，花瓣4，白色，雄蕊8，离生，花丝长，雌蕊为合生3心皮，子房上位，3室，每室2胚珠，花柱细长，柱头头状，有花盘。蒴果近球形，端圆钝，1室，3瓣裂，种皮厚。花期5～6月。

　　在观赏树木中，七叶树是突出的一种。北京大学原生物楼南门东侧，有一株在20世纪50年代栽植的七叶树。如今高已达生物楼的屋顶，主干直径达50厘米以上，上部多分枝。每年五六月开花时，满树一枝枝（在枝条顶生出的）狭圆锥形花序，每个都有约20厘米长或过之，花白色，十分醒目。花后结的果实为蒴果，真有板栗那么大，种子似板栗的果，特别是种皮栗色而光滑，十分相像。

　　七叶树英俊之姿，人人见了都要看一看。北大这株七叶树已挂牌为古木了，其年岁有六七十年了。另外北大俄文楼西北侧大榆树附近，还有一株后栽的七叶树，也相当高大了，年年白花满树为一景。

　　我国最著名的七叶树是杭州灵隐寺紫竹禅院内的两株。东晋咸和元年（公元326年）栽的七叶树，株高达27米，主干周长3.8米（直径1.22米），年寿1600岁。

黄栌

Red Leaf、Smoketree

分布在我国河北、山东、河南、陕西、甘肃、河南、湖北、四川等地

漆树科 黄栌属 *Cotinus coggygria*

形态特征

灌木或小乔木，高 3~5 米，小枝紫褐色。单叶互生，倒卵圆形，卵圆形或圆形，长 3~8 厘米，宽 2.5~7 厘米，先端圆或微凹，基部圆形或宽楔形，全缘，两面有灰色柔毛，侧脉 6~11 对，先端常又分开，叶柄长 1.5~2.5 厘米。花杂性，径 3 毫米，花梗长 7~10 毫米，圆锥花序顶生，花序梗，花梗有柔毛；萼 5 裂，裂片卵状三角形，长仅 1.2 毫米；花瓣 5，卵形或卵状披针形，长 2~2.5 毫米；雄蕊 5，长 1.5 毫米；花盘 5 裂，紫褐色，子房近球形、小，花柱 3，离生，不等长。果序有多条羽毛状不育花梗，核果肾形，长 3~4 毫米。花期 4~5 月，果期 6~7 月。

每年到了深秋，香山的黄栌红叶映红了天，游人赏叶者络绎不绝，成为一年中香山胜景之一。红叶为什么有如此大的吸引力？一是香山黄栌树多，漫山遍野，几乎全是它；二是它的叶子片片像扇形，殷红如血，红色深入人心。因此，年年有观红叶的如潮似的人群。这是其他植物不易做到的。再加上香山山势仅几百米，山路好走，但仍需向上爬，游客在北京天空气爽的季节爬山是一种锻炼，许多人，甚至包括有老者，乐于借以赏景又爬山锻炼的活动，人去得多，就不足为奇了。

黄栌这种植物是一种小乔木，并不多高。但它的叶子几近圆形，全缘，又有适当长的叶柄，一片叶子真像一把小扇子，形象非常好。更何况鲜红的颜色，增加了美感呢！

黄栌开花时也特别，花序上有许多小花，另有许多带细紫色毛的不发育花的花梗。初看的人还真搞不清，花怎么长成这样？因此在人们的疑惑中，它的花序展现出的一丛丛淡紫色毛茸也足以吸引人的眼光。我不禁想到，秋天的黄栌，叶色红艳胜花。

北京各郊区、各区县均多见，香山、卧佛寺尤多。生于低海拔山坡。其叶入秋鲜红，为重要红叶之一，北京西山红叶世界闻名。

紫薇 Common Crape Myrtle

分布在我国华东、华中、华南至西南地区
千屈菜科 紫薇属 *Lagerstroemia indica*

形态特征

　　落叶小乔木或灌木，高可达6米，树干光滑，小枝略呈四棱形，有狭翅。叶对生或近对生，树上部叶互生，椭圆形至倒卵形，长3~7厘米，宽2.5~4厘米，几无毛，有短柄。圆锥花序顶生，花淡红色、紫色、淡紫红色或白色，直径可达3厘米；萼半球形，绿色，无毛，6浅裂；花瓣6，近圆形，皱缩状，有不规则缺瓣，基部有爪；雄蕊多数，生于萼筒基部，外轮6根较长，子房上位。蒴果近球形，6瓣裂，径1.2厘米，有宿存花萼；种子有翅。花期7~9月。

　　大学时期看书，书上说紫薇特殊，树皮光滑，如果用手轻轻一摸，全树枝叶就会摇动，好像人怕痒一样，因此紫薇又被称作"怕痒树""痒痒树""痒痒花"。那时抱着好奇心，我真的去校园试一试，看看紫薇花到底怕不怕痒？我相信书里不会胡说的，但用手特别轻微地摸树干皮，反复几次，却未见树枝有动摇

的反应，我就认为是人们用劲大了，自然树枝会动。不只紫薇如此，别的树木也会动，因此我认为"触摸紫薇树皮会引起它的树枝摇动"一说，仅是玩笑罢了。我便不再对此感兴趣，而对紫薇这种花木，还是认为有特色。

　　北大校园种了不少紫薇，2015年8月上旬，我到校园走走，未名湖畔及其他地方都有

紫薇开花，淡紫红色，像女士穿的细致的粉红绸衣，颇吸引人。我觉得它的花瓣非常有特色，花瓣皱缩状，这是其他花不具备的，花密而多，十分显眼。

紫薇花期长达半年，宋代诗人杨万里赞之："似痴如醉弱不佳，露压风欺分外斜。谁道花无红百日，紫薇长放半年花。"现代研究认为紫薇花对二氧化硫、氟化氢及氯气都有较强抵抗力，能吸收有害气体，阻滞粉尘，因此是城市绿化优秀花木之一。

逸 闻 趣 事

紫薇原产于我国，早在唐代就有栽培，古代当官的还与紫薇结缘。《唐书·百官志》云："开元元年，改中书省为紫薇省，中书令为紫薇令。"因为唐朝中书省的庭院中，种了许多紫薇。当官的就以紫薇称其省，以紫薇称其令（首长），说明那时古人有多喜欢紫薇花。唐代诗人白居易有句名诗："独坐黄昏谁是伴，紫薇花对紫薇郎。"他以紫薇郎自居，有趣！

古人对紫薇花的喜爱，除了开玩笑说它怕痒外，还看重它的光滑树皮，说太滑了，人、猴都爬不上去，因而又得名"猴滑树"。古代有个和尚，过春节时身无分文，见一庙中有紫薇花，那光滑的树皮让他触景生情，作诗自嘲："大树大皮裹，小树小皮缠。庭前紫薇树，无皮也过年。"读了让人捧腹。

海棠花 China Flowering Crabapple

原产于我国

蔷薇科 苹果属 *Malus spectabilis*

形态特征

　　落叶乔木，高6～8米，小枝嫩时有短柔毛，后脱落。叶椭圆形、长椭圆形，长5～8厘米，宽2～3厘米，先端圆钝或短渐尖，边缘有密锯齿，有时部分近全缘，老叶无毛，叶柄长1～2厘米，有短柔毛。花序似伞形，花4～6，花梗长1.5～2厘米，有短柔毛，花直径3～4厘米；萼筒外无毛或有白色绒毛，萼片三角状卵形，外面无毛或有稀疏柔毛，内面密生白色绒毛，比萼筒略短；花瓣5或重瓣，白色，花蕾时粉红色；雄蕊多数，离生，花柱5。果实近圆球形，直径1～1.9（2）厘米，初绿色，后变淡黄色或黄绿色，萼片宿存，果梗长3～4厘米。花期4～5月，果期7～8月。

　　木本花木中，海棠花花艳而繁多。开花时，几乎满树是花，给人印象是闹哄哄的，热烈得很。此花初蕾时粉红而艳丽迷人，待盛开时，则转呈粉白色或白色。满树几无叶的感觉，实际叶已出头，被花掩盖而已。

　　北大燕园花木不少。海棠花在园中栽种历史较久，如外文楼南门口东西两侧有多株，原地学楼南门东侧一株都是有年代的较老的树了。每年春天开花时，先粉红后变白，特别地繁多耀眼；花后结实，果实起初绿色渐变淡黄色，但绝不成鲜红色，果子的直径一般1～1.5厘米，最大也不超过2厘米，且果子顶上有不脱落的萼片。这是北京各公园、庭院多栽培的一种花木，人们又习称它为"海棠"。

北大校园内近些年新栽一些海棠花树。多不是海棠花这个种，多半是人工杂交种，搞不清杂交亲本是谁，只能统统叫"观赏海棠"了。这其中有北美海棠、有钻石海棠……后者的叶子特小，果子也特小，只有直径约2~5毫米左右，鲜红色。

著名花木，花蕾时极美，果小，可制果脯。为历史上名花之一。

皱皮木瓜（贴梗海棠）Wrinkle Flowering-quince　　*Chaenomeles speciosa*

蔷薇科木瓜属植物，与苹果属的不同处在于：木瓜属的雌蕊每心皮含 4 至多个胚珠，苹果属每心皮仅含 1～2 胚珠，此外，皱皮木瓜的枝多有刺。

皱皮木瓜又叫贴梗海棠，但不属于海棠属，它的花猩红色，果球形，黄色或黄绿色为灌木，高仅约 2 米，叶柄圆形、卵形，叶柄长仅 1 厘米，托叶肾形或椭圆形。

李
Plum

广泛分布在我国东北至华南、西南、华东及西北的陕西、甘肃

蔷薇科 李属　*Prunus salicina*

形态特征

落叶乔木。高达10米，枝红褐色无毛。叶倒卵形或椭圆状倒卵形，长5~10厘米，宽3~4厘米，先端渐尖，基部楔形，边缘有重锯齿，两面无毛，背面脉腋间有毛，叶柄长1~1.5厘米，近顶端有腺点数个，无毛。花朵簇生，花径约2厘米，花梗长1~1.5厘米，无毛；萼片长卵形，有疏齿；花瓣5，白色；雄蕊多数，心皮1，无毛，胚珠2，花柱延长，柱头头状。核果卵圆形或近圆形，径3~5厘米，先端尖，基部内陷，表面有槽，具光泽，被蜡粉，果色红或黄或绿（不同品种果色不同）。

大家知道李树开花在春天，花又多又白，如雪一样耀眼。记得南方家乡后院子里有多株李树。念小学时，年年要看李花，但花后结的李子，却有些酸，不太好入口。当地俗名"石灰李"，是果皮上像抹了石灰一样的发白。咬一口果实，真酸！后来抗战爆发，离开了家乡。在北方未见过李树，却见到诸多的不同品种的李子，但我极少吃或根本不吃，因为听说李伤人。其实李子不伤人，不过要注意不可贪吃、多吃。忆及抗战逃难进入广西，我和家人在灌阳县，看到街上李实的品种多，多吃了一些，后来发烧、浮肿，请中医开方吃药无效，几至要丧命。随父去桂林伯父处，伯父为中医，立即号脉开方，白天吃药，晚上起夜三四次。次日早晨，家人说浮肿退了，也不烧了。我高兴极了，本以为自己活不了了，伯父那个方子我保留了好多年，可惜后来不慎丢了。从此我对李子绝不沾边，因为我是吃李子太多得浮肿病的，几十年前的事，至今记忆犹新！

红叶李 Purple Cherry Plum

Prunus cerasifera f. *atropurpurea*
原产于亚洲西部

　　落叶小乔木，高达 7 米；小枝无毛，叶椭圆形、卵圆形、倒卵形，先端渐尖，基部宽楔形至圆形，边缘有细钝圆锯齿，两面无毛或背面中脉有柔毛；花紫色，常单生，径长 2～2.5 厘米，花梗长 1.5～2 厘米，无毛，花瓣淡红粉红色，雄蕊多数，核果近球形，径 2～3 厘米，暗红色；花期 4～5 月。

　　北京各公园多栽培，赏花和叶。

梅 Japanese Apricot

原产于中国
蔷薇科 杏属 *Armeniaca mume*

桃有两个变种，两个变型。

油桃 *Amygdalus persica* var. *nectarina*

变种，果皮光滑无毛，供食用。

蟠桃 *Amygdalus persica* var. *compressa*

变种，果实扁球形，核小，供食用。

白花碧桃 *Amygdalus persica* f. *albo-plena*

变型，花白色，重瓣，供观赏。

红花碧桃 *Amygdalus persica* var. *persica* f. *rubro-plena*

变型，花红色，重瓣，供观赏。

近缘种

山桃 Wild Peach

Amygdalus davidiana

　　山桃和桃很像，也是先开花后长叶，但有个窍门可以区分两者：山桃花的萼片外面无绒毛，桃花的萼片外面有绒毛。

　　如果花期过了，长出果实，那也有辨识窍门：山桃的果小，球形，直径仅2厘米，果肉干燥，离核，果核小；桃的果大，直径5~7厘米，果肉多汁，不开裂，离核或粘核。

　　如果花果期都错过，可靠叶来区分：山桃的叶卵状披针形，最宽处约在中部，先端多为渐尖至长渐尖；桃的叶为长圆披针形，最宽处约在中部，或稍向前，先端不呈长渐尖状。

杏 Apricot

原产于中国，除华南区外均有栽植

蔷薇科 杏属 *Armeniaca vulgaris*

汪老师认植物

形态特征

　　落叶乔木，高可达10米，小枝有光泽，红褐色，无毛；叶片卵圆形或近圆形，长5~9厘米，宽4~5厘米，先端短尾尖，少有长尾尖，基部圆形或渐狭，边缘有钝锯齿，两面无毛或脉腋有毛，叶柄长2~3厘米，顶端常有2腺体；花单生，无梗或有极短梗，先叶开放，花冠直径2~3厘米，萼筒筒形，基部有短柔毛，紫红色或绿色，萼片卵圆形或椭圆形，花后萼片反折，花瓣粉红或白色，雄蕊多数，心皮1，有短柔毛；核果近球形，直径2.5厘米以上，黄白或红黄，稍有短柔毛，果梗极短，果肉多汁，不裂，果核平滑，腹缝处有纵沟；种子扁球形，味苦或甜；花期4月，果期6~7月。

　　北京的春天，山野杏花盛开，红遍了山坡，那景色不亚于桃花盛开。北京金山有个叫管家岭的丘陵山地，四月杏花盛开时，人行其下，有红雾欲湿人衣之感，花光耀眼，如入世外杏园。记得从前读马叙伦先生的一首诗，正是杏花盛开之景触动了他的心情，而作诗咏之。我记得其中两句云："莫道江南春色好，杏花终负管家林。"说明作者十分欣赏管家岭的杏花。

　　历史上，杏和梅被誉为"春天的使者"。梅多见于南方，北方罕有，杏则常生于北方，被赞为"北梅"。描写杏花与春天相联系的诗很多，宋祁的《玉楼春》中，有两句最鲜活："绿杨烟外晓寒轻，红杏枝头春意闹。"生动地表达了红杏象征春光，一个闹字，就使春景活了。

　　杏和梅同属于杏属，长得相像。辨识二者，首先看幼枝：梅的幼枝绿色，杏的幼枝淡褐色、灰褐色至红褐色，不为绿色。再看果核：梅的果核表面有蜂窝状孔穴，杏的果核光滑，无蜂窝状孔穴。最后看叶片：梅的叶片先端长渐尖，边缘有细锯齿，杏叶先端常为短渐尖或短尾尖，少长尾尖，边缘有钝锯齿。

　　另外，杏和桃都是先叶开花，花的形态结

构相似，也容易让人混淆两者，但也有差异。杏花开后不久，萼片反折，萼片外面无绒毛，桃花开后，萼片不反折，萼片外面有绒毛。杏核和桃核也有区别：杏核表面平滑，沿腹缝处有纵沟，桃核表面有沟和皱纹。

　　杏作观赏花木，又作果木，其仁入药，可润肺止咳。

逸闻趣事

杏在我国栽培历史悠久，春秋时齐国名相管仲著《管子》一书，书中有关于杏的记述："五沃之土，其木宜杏。"《齐民要术》又云："杏可为油，杏子人（仁）可以为粥"。这是古人利用杏实的明证。西方国家200多年前才由传教士带去了杏，广泛栽培。叙利亚视杏为"国树"。

我国历史上有"杏花村"，唐代诗人杜牧的著名诗作《清明》写道：清明时节雨纷纷，路上行人欲断魂。借问酒家何处有？牧童遥指杏花村。诗中的杏花村在何处？据人考证，应在安徽贵池城西的一地，杜牧当年任池州（即贵池）刺史时，贵池即以产酒闻名，有大片杏林，为一大名胜地，杜牧借酒兴而吟出这首名诗。

山杏 Siberia Apricot

Armeniaca sibirica

与杏不同，山杏的叶卵圆形，基部圆形或近心形，稍小，长5~7厘米，先端有长尾尖，果皮较薄且干燥，熟时开裂，腹棱明显尖锐；而杏的叶卵圆形或近圆形，基部圆形或渐狭，果肉多汁，熟时不裂，果核沿腹缝处有纵沟。

木荷
Gugertree

分布在我国湖南、江西、安徽、浙江、福建、广东、贵州、四川和台湾

山茶科 木荷属 *Schima superba*

形态特征

　　乔木，高达18米；叶革质，卵状椭圆形或矩圆形，长10~12厘米，宽2.5~5厘米，无毛，叶柄长1.4~2厘米；花白色，单生于叶腋或多朵顶生成总状花序，花梗长1.2~4厘米，直立，萼片5，花瓣5，倒卵形；雄蕊多数，子房基部有密毛；蒴果直径1.5厘米，5裂。

　　木荷多生于海拔1500米以下山谷地带。木荷的叶厚而光滑，不怕山火，山火来时，别的树被烧惨了，木荷却安然无恙。这是什么缘故？

　　原来木荷的叶含水量多达40%，这样几乎一半内容物为水的叶，不易燃烧，如果种一排木荷树阻挡火，那它后面的树就可安然无恙，所以木荷被栽成一排时，无异于一道防火墙，此外木荷的树干湿实、致密，也不易着火。在森林茂密之处，栽一些木荷能起保护作用，即使混栽在松柏林中，也能局部防火。木荷真是有用的树木。

　　木荷的花也好看，花单生于叶腋，有时多朵聚生于枝顶，洁白，直径达2.5厘米或更大，像茶花，有观赏价值。木材硬实，为建筑良材。

山茶 Camellia

原产于中国，以云南为盛
山茶科 山茶属 *Camellia japonica*

形态特征

　　灌木或乔木，高达10米；叶互生，革质，卵形至椭圆形，长5~10厘米，宽2.5~6厘米，先端渐尖，基部楔形，边缘具细锯齿，正面深绿色，有光泽，叶柄8~15毫米；花单生或对生于叶腋或枝顶，几无花梗，单瓣或重瓣，萼片5至多枚，花瓣5或7，红色或白色，基部微合生，雄蕊多，或多轮，外轮的合生，内轮的离生，子房无毛，3~5室，每室数胚珠；蒴果球形，径约3厘米，种子少数，近球形，无翅，花期3月。

　　山茶是我国十大传统名花之一，在北方难以见到山茶盛开的艳景，只有到云南、广东、广西，山茶开花之季，才能欣赏到它的壮美。有一年，我到云南省丽江市的玉峰寺，寺内有个小院，院里栽着一株名扬四海的"万朵茶"，可惜我去时，花期已过，只能看看这株山茶的体态和枝叶了。即便如此，我也开心，因为这一株山茶已有500多岁了，树不高，也就两三米，然而分枝多又阔，几乎占据了大半个院子，主干不高，残留着嫁接的痕迹。万朵茶，可开花万朵，在早春分批绽放，花期长达三四个月，又名"山茶王"。

　　明代状元杨慎曾作《渔家傲》赞美山茶："正月滇南春色早，山茶树树齐开了，艳李妖桃都压倒。装点好，园林处处红云岛。"说的是山茶花极美，桃李花都比不上了。据说，云南腾冲至今尚有2万多亩云南山茶的原始群落，最高的植株可达20米，已有700多岁了，难怪欧洲人早说："无中国花卉，便不能成为花园。"

　　山茶花常为红色。20世纪60年代初，我国在广西壮族自治区南宁市的一个山沟里，发现了前所未闻的开出黄花的"金花茶"。由于珍稀被誉为"茶花皇后"，轰动世界。

栾树 Panicled Goldraintree

我国长江以南地区广泛栽种

无患子科 栾属 *Koelreuteria paniculata*

形态特征

　　落叶乔木，高可达 10 米。羽状复叶或 2 回羽状复叶，小叶 7～15 厘米，卵形、卵状长圆形，长 3～5 厘米，边缘有锯齿或有裂。圆锥花序顶生，长达 35 厘米，呈宽伞形；花萼有 5 裂片，花瓣黄色，向上卷形；雄蕊 8 个，花丝长；花盘偏于一侧，子房 3 室，每室 2 胚珠，花柱 3。蒴果囊状，长 4～5 厘米，隔膜不全，种子黑色。花期 6 月，果期 8 月。

　　栾树在北大校园有不少。老树树干直径近 50 厘米，夏秋开花，树冠如黄色伞盖，十分显眼。这是由于栾树的圆锥花序都生于分枝顶端的缘故。花过后，果实又为一景。它的果实像灯笼，因此又名灯笼花。这种果实三角形，棕色，果皮似薄牛皮纸，相当大，聚在一起十分显眼，因此栾树的花和果都有特殊风采。

　　栾树在北京低地山区也有，我见过，但多非古树，呈野生状态。我曾听说农村的野菜中，有一种叫"木兰芽"的，就是栾树的嫩芽叶，这听起来十分新鲜。看来树木知识还真多。

近缘种

黄山栾树（全缘叶栾树）Integrifoliola Goldraintree

Koelreuteria bipinnata var. *integrifoliola*
原产于亚洲西部

北京大学校园前些年引栽了栾树新种，名叫全缘叶栾树，又称黄山栾树。地点在逸夫二楼东侧及向南的草坪中，有多株；在生命科学学院大楼之西、大马路北侧草地，也有2株。此种栾树据植物分类学记载为复羽叶栾树的一个变种，原来是独立之种，后降为变种。

与上述栾树不同：本种2回羽状复叶，小叶多全缘或几全缘，小叶7~9，蒴果椭圆形，长4厘米，顶端钝，有微尖。

《见花》（何频著）一书内有"栾树花果"一文。其中有一处写黄山栾与复叶栾的区别，主要是叶和花。"前者小叶无齿，开花晚，在秋天，其果丰硕肥大，一嘟噜一串，似儿童吹泡泡。如今作为城市风景树的最多是黄山栾。试看今日之神州，从云南的滇西，到甘肃、新疆，从福建、厦门到上海、哈尔滨，东南西北中，到处都是黄山栾。除了杨柳与悬铃木，没有比栾树再强势的了，似乎集万千宠爱在一身。"

从上引文可知，黄山栾树在长江以南广大地区已经广泛栽种了。说明这种栾树为大众所喜爱。如今它已分布到北京来了。我见识多年，深感其花其果实特有观赏价值。它在北大露天生长得尚好，大有发展前途。

楸树 Chinese Catalpa

分布在我国长江流域，河南、陕西也有

紫葳科 梓属　*Catalpa bungei*

形态特征

　　落叶乔木。高达 15 米。单叶对生，叶三角卵形或卵状椭圆形，先端渐尖或长渐尖，基部截形至宽楔形，茎缘或有 1～4 对齿或裂片，两面无毛，叶柄长 2～8 厘米。伞房状总状花序生枝顶；花萼顶有 2 尖裂，花冠灰白色，内有紫色斑点，二唇形；能育雄蕊 2；子房 2 室，无柄，胚珠多数。蒴果长 25～50 厘米，种子狭长椭圆形，两端有长毛。花期 5～7 月，果期 6～9 月。

　　楸树开花时，树冠一片淡紫色，远观极美。我多次在北大生物楼东侧一个露天走廊上，向北远望两株楸树的花，顿生好感。这两株楸树长在新修电话室的东边马路中间，两株靠近，高有 15 米以上，主干直径约 30～40 厘米，枝叶茂盛，年年展示漂亮的花色，如一层紫色的烟雾。如此去看楸树的花，极有意境，如今那两株楸树还在。我每从树下过时，都要抬头张望一番。

　　有一个未解的问题是这两株楸树花开茂盛，可从来不见其结出果实来。如果有果应该是像筷子一样的果实，至少有 20 厘米长。不结果有可能是雌蕊退化或昆虫未为之传粉，不管什么原因。总之，没结果是事实，这个问题留待研究揭开秘密。

　　梓属总共才 13 种，分布在美洲和东亚。就上述 3 种而言，2 种产我国，一种产美国，说明我国植物与美国植物亲缘关系近，类似情况也见于其他一些科属中。

　　楸的木材软度适中，有水泡不胀，干燥不裂的特性，也抗虫侵蚀，因此为家具和装修用良材，为国家一级材。说它是"木生"，当之无愧。

逸 闻 趣 事

楸树为我国的乡土树种，历史悠久，古人称楸为"木生"。自古即视楸为园林观赏树种。对其多加赞赏。如《碑雅》中记："楸，美木也，茎干高耸凌云，高华可爱。"唐代诗人韩愈写《楸树》诗云："几岁生成为大树，一朝缠绕困长藤。谁人与脱轻罗帔，看吐高花万万层。"诗中赞楸树花之多层，是实际观感。《东京梦华录》云："立秋日，满街卖楸叶，妇女儿童辈，皆剪成花样戴之。"楸花美且香，梅尧臣诗云："楸英独步媚，淡紫相参差。"杜甫诗云：楸树馨香倚钓矶，斩新花蕊未应飞。"楸花可以食用，舞阳一带，采楸树花蒸食，亦下面条锅中，食之滑美。

形态特征

　　多年生草本，有短柔毛或近无毛。茎柔弱，匍匐于地，长可过 60 厘米，节处生根。叶对生，心形或卵形，长 2~5 厘米，宽 1~4.5 厘米，顶端多锐尖或钝，全缘，两面有黑色腺条，叶柄长 1~4 厘米。花常两朵腋生，花梗较长；萼 5 深裂，裂片披针形，长 4 毫米，外面有黑色腺条；花冠黄色，5 裂，长于萼，裂片舌形，端尖，有黑色腺条；雄蕊 5，不等长，花丝基部合生或筒状。蒴果球形，直径 2.5 毫米，有黑色短腺条。花期 5 月。

　　四川、安徽、湖南等地，有一种野生的草，名叫金钱草。20 世纪 60 年代的一年，我去四川峨眉山考察植物。于一处草地，忽见一种草平铺生长于地面，开黄花，叶子不大，圆圆的，十分别致。我从未见过，连忙问同行的一个老先生，他说是过路黄，很多的。我采了一些，手一提时，从地上拉起来，一根长枝叶，很有意思。那草如果种植于花坛，让它爬满地面，又开金黄色花，也很好看，可惜尚未有人重视这种植物。

　　金钱草的药用功能，古代医书多有记述，据《百草镜》记述："金钱草治跌打损伤、疟疾、产后惊风、肚痛、便毒、痔漏，擦鹅掌风，汁漱牙痛。"

葛（野葛、葛藤）Kudzu Vine

我国除新疆、西藏外，几乎都有分布
豆科 葛属 *Pueraria montana*

形态特征

　　多年生藤本，全体有黄褐色硬毛，块根肥厚，有时较长。羽状三出复叶，顶生小叶比侧生小叶大，菱状卵形，长 4～19 厘米，宽 5～17 厘米，先端渐尖，基部圆形，常全缘，有时 3 裂，侧生小叶斜卵形，叶柄长 5.5～11 厘米；苞叶卵形，长椭圆形，盾状着生，小叶条状披针形。总状花序腋生，花多朵，每节有花 1～3 朵，簇生在有节瘤状突起的花序轴上；花梗短，苞片条状披针形，长于小苞片；萼钟状，长 8～11 毫米；花紫红色，长 1～1.5 厘米，旗瓣近圆形，基部有爪和附属体，翼瓣窄，龙骨瓣长圆形或长斜卵形；雄蕊 10，对旗瓣的 1 个仅基部离生，其余 9 个，花丝合生；子房有柄，有毛。荚果条形，长 3～10 厘米，宽 8～10 毫米，密生硬毛，花期 6～8 月，果期 8～9 月。

　　在豆科植物中，葛是一种特殊植物。它是藤本，可是比其他藤本都大。环境适宜时，它长起来就像发了疯一样，根本不把别的植物当回事。记得 20 世纪 80 年代，我曾带路和两个部队人员去金山找葛，寻找者是部队医务人员，采葛作药方治病。我们走到一个海拔约 400 米的山梁时，我看见了葛的叶子。它呈 3 小叶复叶，一个小叶也比菜园里别的豆科植物的叶大，粗毛很多。我停下来，叫他们挖根，两个人挖了好久，满头大汗，终于挖出手臂粗的根，还很长。我也是第一次见葛根，开了眼界，若不是深挖，则根本看不到根。

　　又一次是野外实习。一个培训班的学员，在北京郊区的一个深山中，顺着一条山沟进去，走了好远，大家累了休息一会儿。我忽见山沟一个又沟的石上，有葛藤，好大一片啊，那藤子爬在山沟乱石滩上，几乎全盖住了石头。我查看了一下，还在开花，一枝枝花枝挺挺的，开着紫红色的花，每朵花也不小，开花形状充分证明它是豆科植物的葛。我只讲解了葛的形态和植物学特征，叫莫挖根。因为那乱

石中还真不知下去多深，挖一天也许还出不来呢？就看石头上的带粗毛的藤子和那又挺又直的花枝就足够了。

　　我的最大的收获是从野外看见葛的生长状态。生长起来确实勇猛无比，适应性强。

记得美国曾经引种过我国的葛，后来葛长得疯了。因美国气候土质适宜它生长，长得太多，影响别的植物的生存了，也出乎引种者的意外。后来没法，只得采取人工抑制它发展了，这是人不了解植物习性的结果。

又一年，在北京怀柔红螺寺，也是野外实习。我见寺的后山上高处，好大一片葛，心里高兴，让它们发展好了。因为那山多石头，正好葛可以绿化山地，让它好好生存吧！

北京山区多见，生山坡，沟边，不择土壤，林缘灌丛地带常多见。葛的块根可制葛粉，供食用和造酒，又入药。全株枝蔓为很好护土植物，叶为饲料，茎纤维可造纸。

逸 闻 趣 事

传说，宋代天台县有家出名的酒店，有人常从此店批发酒入城售卖。一次运酒时出意外，路过一石桥时，酒缸落地而破，酒流失。运酒人喜酒，就用手捧石桥上凹处落下的残酒饮之，竟致酩醉，滚下桥不省人事。待人来救时，他神志不清。人问他怎么会醉后醒来的时，他说喝了桥下溪水，不久就清醒了，人们奇怪，就在桥下溪边找，发现水面有花，喝水有清香味，方知这葛花浸过的水可解酒醉，因此葛花解酒的效用传至今天。人们发现葛根和其种子也可解酒。

含羞草 Bashfulgrass、Sensitiveplant

分布在我国华南、华北和西南地区
豆科 含羞草属 *Mimosa pudica*

形态特征

直立、蔓生或攀援半灌木。高可达1米，枝有散生的刺毛和锐刺。二回羽状复叶，羽片2~4个，呈掌状排列，小叶小，有14~48个，触之能自动闭合且下垂，小叶椭圆形，长6~11毫米，宽约2毫米，边缘及叶脉有刺毛。花序头状，矩圆形，2~3生于叶腋；花小，淡红色，萼钟状，小齿8个；花瓣4，基部合生，外有柔毛；雄蕊4，伸于花冠之外，子房无毛。荚果扁形，长1.2~2厘米，宽约4毫米，边缘有刺毛，有3~4荚节，每荚节1种子，成熟时节间脱落，带长刺毛的荚缘不落。

含羞草是一种小草。它的叶子为二回羽状复叶，但羽片却是掌状排列。有趣的是，你如果用根小棍稍稍碰下它的叶子，叶子的小叶马上向上闭合起来，而叶柄会立刻作60°的下垂，而耷拉下去，无力的样子，如此过了些时间，它又会自动恢复原来的状态。这种情况，曾引起好多人的兴趣。科学家对此进行研究，认为含羞草的叶柄基部那膨大部分是秘密所在。膨大部分叫"叶枕"，其内的细胞膜厚薄不均匀，加上细胞失水时，就会有上述的运动产生。

人们惊奇的是动物能动，植物一般不能动，但含羞草却例外地能自动。因此人们将它作为有极大观赏价值的能运动的植物，将之栽在花盆里，甚至移至室外观赏，对此还兴趣很浓。

我在北京多见此草盆栽。20世纪50年代中，曾有机会到广州及附近地区的野外工作，那时忽见野生的含羞草，让我惊奇。后知含羞草原产南美热带，传入我国南方后，有些已逸为野生的了，这说明含羞草的适应能力还很强呢！

生于荒地山坡林中、路边潮湿地。

紫藤 Purplevine

分布自我国华北至华中、中南至西北和华东多省

豆科 紫藤属 *Wisteria sinensis*

形态特征

木质藤本。枝条灰褐色，分枝多。奇数羽状复叶，互生，长20～30厘米，小叶7～13个，卵形、长圆形或卵状披针形，长5～11厘米，宽1.5～5厘米，先端渐尖，基部圆形或宽楔形，全缘，幼叶有柔毛，老则脱毛，仅中脉处有毛，叶轴和小叶柄有柔毛。总状花序侧生，下垂，长15～30厘米；萼钟状，有柔毛，有5齿，下方3齿较长；花冠蓝紫色或深紫色，5瓣，长2厘米，旗瓣大，圆形，翼瓣镰状，基部有耳，龙骨瓣2，较钝；雄蕊10，成（9）和1的两体雄蕊；子房条形，有柄，花柱内弯，柱头顶生。荚果扁，长条形，长10～20厘米，密生灰褐色短柔毛，种子数粒，深褐色，长圆形，长约1～2厘米。花期4～5月，果期8～9月。

我欣赏紫藤的地方是，它是藤本植物，人们做个水泥架子，让它爬到架子上去，架子下面是一条走廊，两边有长条凳，可以坐人；这样在夏天，烈日炎炎时，人可以坐在下面，在藤荫的庇护下，晒不到太阳，避免烈日的"烧烤"，人可以自在地休息一会，或看看书，不感炎热。这是其他花木做不到的，当紫藤开花时，串串紫色的豆花垂吊下来，不仅美观悦目，而且送来阵阵清香，让人心旷神怡，自得其乐。因此无论公园庭院或学校校园，有条件的话，搭几架紫藤是非常有用的。北京大学校园学生宿舍区就有这种地方。

紫藤花开过后，会结果实。果实颇大而长，是一种荚果，果壳肉质、较肥厚，一条一条悬挂着，也有一番景象。

逸闻趣事

紫藤历史悠久，千多年前的长安城，就栽有紫藤。历代以来此藤不衰。唐代大诗人李白曾作《紫藤树》诗："紫藤挂云木，花蔓宜阳春。密叶隐歌鸟，香风留美人。"诗中说紫藤挂在一棵大树上，花朵沐春光，小鸟在密叶中歌唱，满树花香，使美人们都来欣赏。全诗都是赞美紫藤之美的。

有一首诗赞紫藤遮挡烈日的作用，十分贴切："袅袅数尺藤，往岁亲手插。西庵敞短檐，借尔两

相夹。岁久终蔓延，枝叶已交接。有花散红缨，有子垂皂荚。赤日隔繁阴，偃息可移榻。"此诗赞紫藤的实用价值，为人遮阴，创造了凉爽的环境供人休息，实惠很大，意义深远。

英国和美国早在19世纪就从我国引去紫藤种植。美国加州那林中国引去的紫藤，其长已达百多米，覆盖面积达半公顷，每年开花百多万朵，是世界上紫藤之最。

藤萝 Villous Purplevine

Wisteria villosa

与紫藤不同点在于，本种的小叶成熟时密生丝状柔毛，花淡紫色。

葫芦
Calabash、Bottle Gourd

广泛分布在世界各地，我国普遍栽培

葫芦科 葫芦属 *Lagenaria siceraria*

形态特征

　　一年生攀援草本，茎有软黏毛，卷须2分叉；叶柄顶端有2腺体，叶片心状卵形或肾圆形，长宽各为10~35厘米，不裂或稍裂，边缘具细尖齿，两面有柔毛；花单生，雌雄同株，白色，花梗长，雄花花托漏斗状，长2厘米，萼裂片披针形，花冠裂片皱波状，有柔毛或粘毛，雄蕊3，药室折曲；雌花子房中部缢缩，密生软毛，花柱粗短，柱头3，膨大，2裂；瓠果大，中部缩窄，下上部膨大，长几十厘米，下部比上部更大，成熟后木质；种子多，白色；花期6~7月，果期8~9月。

　　人人夸梅花好看，我觉得葫芦的花也不俗，其果实叫葫芦，模样特殊，观赏价值在于"奇"，并不亚于花色花形。

　　我在南方的家乡，见过葫芦，但认为那不是蔬菜，而是一种容器。葫芦老了时，摘下来一分为二就是两个瓢。或者掏空内容物，放进东西。但最让人惊叹的还是那一头小一头大的果实，我很少想到它也可以做菜吃。

　　葫芦也可作药物，有清热宜肺、利温通淋之功能，适于治肺热咳嗽、烦热口渴、小便不利、腹胀等毛病。

逸闻趣事

　　读书多了，才知道葫芦的学问不少。中国的葫芦文化悠久，有种种关于葫芦的故事。兹举一例：

　　传说东汉有个小官叫费长房，他在楼上看见一个卖药的老翁总在店铺屋顶挂着一个葫芦，卖完药后，竟跳入葫芦里不见了。费长房认为此翁医术高明，便拜求老翁为师学医，老翁见他诚心，就收他为徒，传授医术。后来费成为一位名医，也随身携带一个葫芦，作为行医标志，从此葫芦与大夫形影相随。

鼠掌老鹳草 Ratpalm Cranebill

分布在我国东北、华北、西北、华中和四川

牻牛儿苗科 老鹳草属 *Geranium sibiricum*

粗根老鹳草 Dahur Cranebill

Geranium dahuricum

分布在我国东北、华北、西北地区

与鼠掌老鹳草近似，但粗根老鹳草有肥厚的纺锤状根。叶5~7掌状深裂，裂片窄倒披针形，有不规则的羽状小裂片，小裂片条形或条状披针形，先端锐尖，花序梗端常有2花，鼠掌老鹳花无肥厚的根，叶掌状5深裂，裂片卵状披针形，羽状分裂或齿状深缺刻，花单生叶腋。

可栽种作观赏花草。

中华猕猴桃

Yangtao、Kiwifruit

分布在我国长江以南、西北地区及河南

猕猴桃科 猕猴桃属 *Actinidia chinensis*

形态特征

藤本。幼枝和叶密生灰棕色毛，老枝无毛，茎髓大，白色，呈片状。叶纸质，圆形、卵圆形或倒卵形，长5～17厘米，顶端突出、微凹或平截形、边缘有点状齿，正面叶脉有疏毛，背面密生灰棕色星状绒毛。花初开白色，后变黄，花被5数；萼片、花柄有淡棕色绒毛；雄蕊多数，花柱丝状，多数。浆果卵圆形或矩圆形，密生棕色长毛。花期5～6月，果期7～10月。

现在超市、水果摊上有猕猴桃出售，此猕猴桃为我国原产。

猕猴桃在四川青城山很多，青城山的道士利用猕猴桃造酒已有千多年历史。这种酒酒精成分极低，但味香醇，老年人喝之有延年益寿的作用。被誉为"青城美酒"。猕猴桃是一种有保健作用的水果，味甘酸、性寒，入肾、胃、膀胱，有清热生津和健胃消食利尿通淋的功能。《食疗本草》言"去烦热，止消渴"。猕猴桃维生素C含量高，在人体可达94%的吸收率。猕猴桃还有抗癌性，增强免疫抗菌功能。

生于森林地带，海拔可达1850米。可生吃，含糖类和维生素；可制果酱、果脯；花可提取香精；也可造酒。

逸闻趣事

为什么叫猕猴桃?

传说古代山野野果多,有一种野果是木质藤本植物。它结的果实并不好看,黄褐色的表面生了许多粗毛,由于样子不好看,人们怕它有毒不敢吃。这果子年年结得多,却无人吃它,也没人采它。但是人们见到一个奇怪现象即头一天还见有许多果子,第二天去看时,却不见一果子,那么果子都到哪里去了呢?人们为了揭开这个谜,就组织一批人排班值夜,密切注视着果子去了哪里。一连几天终于有了答案。

半夜里,一群大大小小的猴子,结队而来,纷纷去摘果子,且边摘边吃,一会儿一扫而光。

人们看见了这个情况,就说既然猴子能吃这果子,那人吃应当也没问题。于是人们个个高兴地去尝这果子的味道,果然酸甜适口,大家高兴发现了一种新水果。就这样,山里人年年享受了这种野果的滋味,十分高兴,而且有趣的是一些体弱的人,吃了这果子后,竟然身体健康起来。大家认为这果子是仙果,大家想应有个正式名字,就想到猴子首先尝了这果子,人得启发也吃了这果子,猴子功不可没,那么就叫"猕猴桃"好了。此提法得到所有人的同意,就这样,这种野果子正式叫作"猕猴桃",一直传至今天!

软枣猕猴桃 Bower Kiwifruit、Tara Vine

Actinidia arguta
分布在我国东北、华北、西北，向南至长江流域多省

高大藤本；叶卵圆形、椭圆状卵形、长圆形，长 4～13 厘米，宽 5～9 厘米，顶端窄尖或短尾尖，基部圆形，边缘有锯齿，背面脉腋有柔毛，叶柄长；聚伞花序腋生，花 3～6 朵，花白色，径达 2 厘米，花被 5 数，花梗无毛，雄蕊多数，花柱丝状，多数；子房球形；浆果球形或长圆形，长 2.5 厘米，绿蓝色，无毛，

花期 5～6 月，果期 9～10 月。北京百花山，密云坡头，东灵山，怀柔喇叭沟均有；多生于山地杂木林中，及灌丛地带。

与中华猕猴桃的区别在于，本种叶较薄，较小，叶背面无灰棕色星状绒毛，浆果光滑无毛。

朝天委陵菜
Carpet Cinquefoil

分布在我国东北、华北、西北及山东、陕西

蔷薇科 委陵菜属 *Potentilla supina*

形态特征

一或二年生草本。高约50厘米，茎平铺或斜升状，分枝多。茎叶为羽状复叶，小叶7～13，长圆形或宽倒卵形，长达3厘米，宽达1.5厘米，端圆钝，边缘有缺刻状锯齿，正面无毛，背面疏生毛或无毛，茎叶叶柄短或几无柄，小叶3～5，托叶草质，绿色，宽卵形，3浅裂。花单生叶腋，径达5毫米，有花梗，副萼片椭圆披针形，萼片卵形，花瓣黄色，雄蕊多数。瘦果卵形，黄褐色，有皱纹。花果期5～9月。

　　春天来了时，你注意到公园或庭院，还有野外低山丘陵地带走走；或去农村，在村舍附近的田边沟渠边边看看，也注意荒地上的杂草，会发现有朝天委陵菜出来了。这是一种野生草本植物，高不会超过60厘米。它的茎枝总是斜伸或平卧状，叶子是羽状复叶，小叶正面绿色，背面色淡一点，有7～13个小叶，小叶有锯齿，开黄色的花，多数是单生的。萼片之外，还有副萼片，雄蕊数多，离生，雌蕊数多，离生，花托隆起，聚合瘦果。这些特征，让人又想起了毛茛和水杨梅。朝天委陵菜更像水杨梅，而不像毛茛，因为它的萼片和花瓣下部连合成杯状的周边，也有人认为是花托的周边。在朝天委陵菜果实快成熟时，你不妨采一朵花看看，并且用手轻轻牵动萼片，向外拉，会发现中央隆起的部分与周边不相连，极像碗的周边，这就与水杨梅的花一致了。因此，它是周位花，与毛茛有本质的区别。朝天委陵菜属于蔷薇科，委陵菜属。

鹅绒委陵菜（蕨麻）Fernhemp Cinquefoil

分布在我国东北、华北、西北地区

蔷薇科 委陵菜属　*Potentilla anserina*

形态特征

　　多年生草本。根略肥厚，茎细长成匍匐枝，节处生根。羽状复叶基生，有多个叶，小叶7~25，卵状长圆形或椭圆形，长1~3厘米，宽0.6~1.5厘米，先端钝圆，边缘有深齿，正面绿色，背面密生白色绢毛，茎叶较小，小叶较少，叶柄长4~6厘米。花单生叶腋，直径达1.8(2)厘米，花梗细长达6~10厘米，有长柔毛；副萼片狭长圆形，2~3裂或不裂，萼片卵形，外有丝状柔毛；花瓣5，黄色；雄蕊多数，离生；雌蕊多数，离生。瘦果椭圆形，褐色，有皱纹。花期5~8月，果期6~9月。

　　在北京海淀温泉一带，还有南口区域野地里，可见到鹅绒委陵菜。多生田边及沼泽地区。它的叶子有特点，羽状复叶；翻开叶背面一看，有密生的绢毛，好像丝织的一样，有光泽，这一特点是认识它的重要标志之一。它花瓣5片，黄色，副萼片狭长，有时3裂。如果你挖挖它的根看看，根肥厚，在民间称"人参果"。

　　鹅绒委陵菜又称蕨麻，又称人参果。人参果之名并不是指它的果实，而是其块状根，块状根不是很大，而是小块状的东西。如果光说人参果，人们会误认为人参的果实。因此要分清此地人参果为一种块状根。它的块状根多含淀粉，还含有蛋白质和糖，可以利用之煮熟成饭，也可以蒸糕造酒，也可以和面作饭食。在

青海藏族自治区，藏民称之为蕨麻。现今人参果已加工成小食品作为商品出售。

　　鹅绒委陵菜为野菜的一种。其根含蛋白质、脂肪、碳水化合物、纤维素、胡萝卜素、硫胺素、烟酸等营养成分和微量元素，还含钙、磷、铁等，还有蔗糖、还原糖、淀粉、戊聚糖、委陵菜甙等，有生津止渴、益气补血、健脾益胃的作用。我有一清炒法：用鹅绒委陵菜根，300克油，酱油、盐、葱、蒜、花椒各适量。将鹅绒委陵菜根去皮和须根洗净切片。水焯一下，冷水过凉捞出放入锅中，加油，然后放花椒，作糊捞出，再放葱蒜作料，再放鹅绒委陵菜炒几下，加酱油、盐拌匀入盘即成，口味鲜香，别有风味。

　　其块根入药称"蕨麻"或"人参果"。

蛇莓

India Mockstrawberry

分布自辽宁向南，经华中至华南，向西南达各省，向西北达陕西、甘肃等地

蔷薇科 蛇莓属 *Duchesnea indica*

汪老师认植物

形态特征

多年生草本。有长匍匐茎。羽状复叶，有 3 小叶，叶柄长达 12 厘米，小叶卵圆形，长 1.5～3 厘米，宽达 1.8 厘米，边缘有钝锯齿，两面散生柔毛，小叶柄短，托叶卵圆披针形，有柔毛。花单生叶腋，直径 1.2～1.8 厘米，花梗长 3～4.5 厘米；副萼片大于萼片，有 3 浅裂，稀不裂，花后反折；萼片 5，卵状披针形，稍有柔毛，萼筒浅；花瓣 5，黄色，长圆形，端微凹或钝形，与萼等长；雄蕊短于花瓣，花柱膨大呈球形或长椭圆形，柔软，红色。生多数瘦果，瘦果长圆形，暗红色。花期 4～7 月，果期 5～9 月。

往年野外植物实习时，在北京山区，六七月间，总能见到蛇莓这种野生草本植物。它实际是一种草质藤本植物，有匍匐茎，花黄色，花托可以膨大成球形，鲜红色，肉质，上生许多小型瘦果，瘦果暗红色。这种红色像草莓的果，可以吃。那时在野外见它时，就当草莓吃了。

蛇莓的成熟果为聚合果，花柱肉质膨大，红色，为可食部分。北京山野里的蛇莓，由于气候较干燥，果实吃起来干燥少汁。在山东烟台昆嵛山，由于气候较北京湿润些，林缘沟边的蛇莓，含水分较多，吃起来甜润而可口，此为气候对植物果实含水量影响的一个明显例子。

北京山区多见，多生阴湿山沟、河边或草地中，分布广。

茑萝
Cypress Vine

原产于热带美洲，现国内各省有栽培
旋花科 茑萝属 *Quamoclit pennata*

形态特征

一年生草本。茎缠绕，无毛。叶互生，羽状几全裂，长4～17厘米，裂片狭条形，叶柄长8～40毫米，基部有假托叶。聚伞花序腋生，花数朵，总花柄长超过叶长；萼片5，椭圆形；花冠合瓣，高脚碟状，深红色，无毛，冠檐5浅；雄蕊5，不等长，外伸；子房4室，柱头头状，2裂。蒴果卵圆形，长7～8毫米，熟时4瓣裂，种子卵状长圆形，黑褐色。花期7～9月，果期8～10月。

北大燕园北部，居民区的篱笆上可见有茑萝攀援其上。纤细的草茎上着生形状奇特的绿叶，花朵鲜红，细管状。特别是叶子羽状几全裂，裂片条形，这种叶片形状实不多见，为观赏植物的一特别景致。

为什么叫茑萝？据《诗经》：茑为女萝，施于松柏。意思是兄弟相生依附。茑指桑寄生，萝指菟丝子，二者都可寄生于松柏类植物。而茑萝形态像茑和女萝，故二者合一"茑萝"以名之。

茑萝正开花时的形态是美的。花色花形都与其他花不同，特别是叶子的羽裂，裂片细条形，形态也特别。因此观赏价值较高，适于庭园美化。

茑萝花冠深红色，有5个裂片，均匀平展，极像一颗闪闪的五角红星，很有观赏特色。

近缘种

橙红茑萝 Orange Cypress Vine

Quamoclit coccinea

　　又称橙叶茑萝，与茑萝的不同处为，本种叶全缘，呈多角形，花冠较小，橙红色。

葵叶茑萝 Palm-leaf Cypress Vine

Quamoclit × sloteri

又称槭叶茑萝，与橙红茑萝不同处为，本种的叶掌状深裂，裂片披针形，红色花冠较长。

牵牛 Morning Glory

原产于热带美洲，在我国广泛分布

旋花科 牵牛属　*Ipomoea nil*

汪老师认植物

形态特征

一年生缠绕草本。叶宽卵形或近圆形，常3裂，叶柄长6~15厘米。苞片2，披针形，花单生于叶腋或为有1~3花的花序；萼片5，披针形，不向外反曲，其中3枚略宽，基部有短毛，花冠漏斗状，蓝紫色变淡紫色或粉红色，管部色淡；雄蕊5，不等长，花丝基部有柔毛，子房无毛，柱头头状。蒴果近球形，3室，每室2种子，种子卵状三棱形，黑褐色，有短绒毛。花期6~9月，果期7~10月。

什么花形状像喇叭？非牵牛花莫属。我从小学时期就对牵牛花印象深刻，主要是它喇叭形的花朵，看起来好玩又有趣。无论南方、北方，几乎到处都有牵牛花，所以是平凡的花，但花形似喇叭又不平凡。它的种子可以入药，叫黑丑、白丑，多用黑丑，种子黑色，为利尿消肿名药。

艺术家梅兰芳特别喜欢牵牛花。他别出心裁，将牵牛种在花盆中，开的花大。他对牵牛花的颜色仔细端详，从欣赏中得到启发，将其用到他的京剧穿戴的配色上，真是把牵牛花艺术化了。

宋代有些诗人或画家常把牵牛花和牛郎织女的故事联系起来，如危稹的"牵牛花"诗云："青青柔蔓绕修篁，刷翠成花着处芳。应是折从河鼓手，天孙斜插鬓云香。"第一句中"修篁"指长长的竹子，第二句中"刷翠"意为染翠；第三句中"河鼓"指牵牛星，即传说中的牛郎，这一句意思是牛郎采了牵牛花；第四句中"天孙"指织女星，即传说中的织女。第3、4句连起来，意思是牛郎折牵牛花，插在织女的云鬓上香气宜人。从这类诗可看出宋代一些文人对牵牛花的喜欢。

民间故事中有解释"牵牛"二字的，说是因为医生用药治好了病人，病人牵牛来答谢。想象力还真丰富。

常见于路边、荒地、山坡、沟谷。种子黑色者称黑丑，白色者称白丑。

近缘种

裂叶牵牛 Ivyleaf Morning Glory

Ipomoea hederacea
原产于美洲，北京有野生

　　裂叶牵牛的叶也3裂，与牵牛的形态不同，前者的裂片基部向内凹陷，使中裂片呈卵状菱形；萼片向外反卷，呈钩状，外面基部被较硬的毛。

圆叶牵牛 Roundleaf Morning Glory

Ipomoea purpurea
原产于南美洲，在我国分布广泛，野生多，也有栽培

与上述二种不同，本种叶片圆心形，全缘，萼片5，长椭圆形。

猪笼草 Common Nepenthes

在我国只生长在广东南部
猪笼草科 猪笼草属　*Nepenthes × Ventrata*

形态特征

食虫草本植物，高约1.5米。叶片椭圆矩圆形，长9~20厘米，正面无毛，背面中脉附近有丝状柔毛，侧脉6对，自叶基部向上直伸出，几近平行，卷须长2~16厘米；食虫囊圆筒状，长4~12厘米，粗1.6~3厘米，盖子约近圆形或宽卵形，长1.2~3厘米，叶柄半抱茎，长2~6厘米。总状花序顶生，长约30厘米，花单性，雌雄异株；萼片4，红褐色，狭倒卵形，长2~5毫米，外有短毛，无花瓣；雄蕊柱长约2毫米，花药16~20，密集呈球形；子房4室，胚珠多数，花柱短，柱头干裂。蒴果长1.8~2厘米，种子多数小。

在20世纪50年代初，我曾有机会去了广东省徐闻、雷州市一带，参加生荒地调查勘查工作。那时才是一个大二学生，到了广东一切都那么新鲜和陌生。在北京3月时仍着棉衣，到了广东就都脱掉了。野外工作主要是登记荒地原生植物、测量面积，以便为种植橡胶树做准备。

荒地上有树木也有杂草。一天，我走到一片较低洼的地，有小水洼，突然看见水边一种蜜蜂嗡嗡叫。仔细一看，水边有一种奇怪的草，叶子上挂出一个瓶子状结构，向上开个圆形口，口内卷，还有个盖子，看瓶状结构里面，有约半瓶水，还有小蝇子掉在水中。经问老师，才知"猪笼草"，是一种食虫植物。

那个笼子是叶片中脉向外延伸后形成的特殊结构，也叫食虫囊，呈圆筒形。在茎的顶端有一花序，为总状花序，花小而多。它的花单性，雌雄异株。因为这种草奇特，第一次在野外看见，所以印象深刻，认为它作为观赏植物也特有意思。

多生于丘陵的小池边或小溪边，或在灌丛中生长。

在热带的印度尼西亚和马来西亚，有多种猪笼草。捕虫器皆筒状，有的长有的短，有的粗，有的较细，多有彩色，十分美丽，它的捕虫方法皆一样。猪笼草的捕虫器内有消化液，捕虫器口边向内卷并有蜜汁，昆虫到此为甜汁所引，易滑落下去，入捕虫器消化池中淹死，消化液可以消化虫体，供自身营养。

科学家推测猪笼草生长的地方氮肥较少，营养不足，长期如此，促使猪笼草产生食虫机构，以补充氮素之不足。

厚萼凌霄 America Trumpet Creeper

紫葳科 凌霄属 *Campsis radicans*

形态特征

　　木质藤本，靠茎上的气生根攀附他树而上。奇数羽状复叶，小叶 9～11，卵状长圆形，先端有尾尖，边缘有锯齿。花冠细长，漏斗形，橙红至深红色，花冠筒长，花萼裂片浅而厚。

　　我所居住的北京大学中关园，在小广场的东南角，本来有一株丁香，年年开白色的花，很好看。但不知哪一年哪位高手，在丁香树下栽了厚萼凌霄，这种花以萼裂片很厚为特征。没过多少年，这凌霄就顺着丁香树干向上爬，居然爬上了丁香树冠，生出好多分枝，向四面八方披挂下垂，离地面不过一米多左右。每根枝条之端出一花序，有多朵鲜红鲜红的花，我近日到那里一看，大吃一惊，好漂亮啊，满树红色十分耀眼。以前我也见过凌霄花，但不如眼前这景象亮丽。我赞叹凌霄的本事大，借他树逞能！但丁香花就要受损了，它简直抬不起头来，这就是物种之间竞争的实例！

　　北京大学校园里也有凌霄，但愿人工搭架支撑它发展，因为它的花朵艳红好看。

近缘种

凌霄 China Trumpet Creeper

Campsis grandiflora
原产于中国

与厚萼凌霄不同的是，本种有羽状复叶，小叶较少，7~9片，卵状披针形；花萼分裂较深、至中部，萼裂片较薄，披针形，花冠较大，直径约7厘米，鲜红色。分布在长江流域至华北，北京有栽培。

凌霄为我国传统名花。早在3000年前，《诗经·小雅》就记载："苕之华，其叶青青。""苕"即指凌霄，"华"指花，合起来便是凌霄的花。历代多有诗人咏凌霄，如宋代杨绘作诗云："直绕枝干凌霄去，犹有根源与地平；不道花依他树发，强攀红日斗妍明。"唐代诗人白居易却不喜凌霄依附大树而生，曾作诗："有木名凌霄……托根附树身，开花寄树梢。自谓得其势，无因有动摇。一旦树摧倒，独立暂飘飘……寄言立身者，勿学衰弱苗。"白居易可能借此诗，奉劝世人要独立有志，与凌霄植物本身无关。

感谢中国植物图像库（PPBC, http://ppbc.iplant.cn/）
的签约摄影师为本书提供所有植物照片！

供图摄影师名单如下（排序依照供图数量和姓名拼音）：

王钧杰	徐晔春	周繇	李光敏	朱鑫鑫	刘军	宋鼎	吴棣飞	薛凯
徐克学	张金龙	朱仁斌	赵宏	李西贝阳	李晓东	喻勋林	张大明	白重炎
曾玉亮	陈又生	陈又生	郭书普	何超	华国军	金宁	李冰凌	刘冰
刘翔	刘垚	刘永刚	潘建斌	寿海洋	王军峰	徐永福	叶喜阳	张波
张凤秋	周辉							

图书在版编目（CIP）数据

汪老师的植物笔记 / 汪劲武著 . -- 南昌：江西人
民出版社，2019.6（2020.11 重印）

ISBN 978-7-210-11018-7

Ⅰ . ①汪… Ⅱ . ①汪… Ⅲ . ①植物—普及读物 Ⅳ .
① Q94-49

中国版本图书馆 CIP 数据核字 (2019) 第 000394 号

本书版权归属银杏树下（北京）图书有限责任公司。

汪老师的植物笔记

作者：汪劲武　责任编辑：冯雪松

特约编辑：陈莹婷　筹划出版：银杏树下　出版统筹：吴兴元

营销推广：ONEBOOK　装帧制造：墨白空间

出版发行：江西人民出版社　印刷：北京盛通印刷股份有限公司

720 毫米 × 1030 毫米　1/16　20.5 印张　字数 252 千字

2019 年 6 月第 1 版　2020 年 11 月第 2 次印刷

ISBN 978-7-210-11018-7

定价：88.00 元

赣版权登字 –01-2019-10
